生态环境保护是功在当代、利在千秋的事业，作为"负责任，有担当"的国民，我们不仅要做到在生活中节能减排，践行低碳生活，也要多学习环保知识，尽自己的所能做好宣传和引导工作。阅读《绿水青山　共筑家园》一书，争做时代的"环保卫士"，共同筑造绿水青山的美好家园。

——北京大学环境科学与工程学院教授、中国工程院院士、

大气环境专家　张远航

绿水青山
共筑家园

陶红亮　著

新华出版社

图书在版编目（CIP）数据

绿水青山 共筑家园 / 陶红亮著.

北京 : 新华出版社，2021.9

ISBN 978-7-5166-6043-0

Ⅰ.①绿… Ⅱ.①陶… Ⅲ.①节能－普及读物
Ⅳ.①TK01-49

中国版本图书馆CIP数据核字(2021)第190511号

绿水青山 共筑家园

作 者： 陶红亮			
责任编辑： 董朝合		**装帧设计：** 正 尔	
出版发行： 新华出版社			
地 址： 北京石景山区京原路8号		**邮 编：** 100040	
网 址： http://www.xinhuapub.com			
经 销： 新华书店、新华出版社天猫旗舰店、京东旗舰店及各大网店			
购书热线： 010-63077122		**中国新闻书店购书热线：** 010-63077122	
印 刷： 北京市通州兴龙印刷厂			
成品尺寸： 170mm×240mm			
印 张： 17.75		**字 数：** 255千字	
版 次： 2021年10月第一版		**印 次：** 2021年10月第一次印刷	
书 号： ISBN 978-7-5166-6043-0			
定 价： 58.00元			

前言
Preface

　　随着社会经济的发展，特别是进入工业化时代以来，人类的物质财富和精神文明大大提高，对自然的改造也发生了翻天覆地的变化。随之而来的，是对大自然的无限索取和破坏——各种再生资源和不可再生资源都被疯狂地开采，向大自然中排放的废物总是源源不断。自然资源是大自然对人类的馈赠，但是我们不能没有限度地索取和破坏，否则将承受来自自然的报复——洪水泛滥、雾霾遮天、黄沙蔽日、淡水枯竭、粮食危机等各种自然灾害频频向我们袭来，令我们防不胜防，经济受到重创，生命和财产受到前所未有的威胁，这一切都是我们对大自然过度索取和破坏的后果，是大自然对我们的惩罚，给我们敲响了拯救地球的警钟。

　　地球上的各种灾害正在以很快的速度侵蚀着我们的生存空间，人类的命运正面临着众多不可确定因素的威胁。环境问题已经是摆在我们面前急需解决的问题。现在各行各业在发展经济的同时努力地做好环境保护工作，有些行业还派出志愿者参与到环境保护的工作中，并为环境保护做了突出的贡献。

为了保护环境，国家制定了相应的环保法律法规和行业规则，它们是我国环保事业的指导性政策，我们要沿着这些法律法规努力做好环保的每一个细节。同时，我们也要看到社会经济发展带来的环境问题日益复杂，环境问题也逐渐变得严峻，我们的生存空间也在不断缩小，所以，环境保护是一个长期的、不断探索的过程。

本书针对环境污染带来的问题提出了解决办法，倡导人们低碳生活，减少二氧化碳的排放，践行低能耗、低开支的生活方式，为环境保护提供了具体的解决方案。

本书内容涵盖了国际、国内法律法规和生活中的低碳生活理念和实践方法。这些理念和方法简单易懂，实践性强，可操作性大；低碳生活不仅是在保护环境，也是在保护人类自己的健康。低碳要求所有人都要践行绿色办公、绿色消费、绿色出行等绿色生活方式，这种环保的生活方式体现了对自己负责、对社会负责、对地球负责的环保理念与担当，需要我们所有人共同努力，才能从根本上改善环境，让我们的生活回归自然、回归健康。

由此可见，低碳生活是人类不得不关注的话题，不仅要关注，更要去践行。本书给予广大人士低碳生活指导，有理论，更有实操，具有实用性，科普性，易学易操作的特点。

本书内容全面、广泛，主要介绍了国际环保公约及其主要内容和作用。在办公方面如何做到低碳环保，家庭生活和购物消费时如何贯彻绿色低碳的理念，旅游时如何做到节能减排，出行时如何减少二氧化碳的排放，以及如何将旧物变废为宝，节约资源等。

具体来说，本书要解决的问题是具体的、全面的。低碳生活是一个系统工程，不是单指某一个方面的节能减排。所以，我们从办公、饮食、穿衣、开车、购物、休闲、旅游、运动健身等各方面为大众提供具体的环保方法，本书集知识性、可读性、科普性于一体，适合社会大众阅读！

目 录
Contents

第一章　绿色环保与低碳经济 / 1

　　科技日益发展，给人类带来了便利，也给环境带来了灾难，气候变暖、白色污染等问题接踵而来。面对这样的困境，绿色环保的低碳经济生活和生产理念势在必行。只有认真践行低碳生活、绿色生活，才能从根本上消除环境危机，最终实现人与自然和谐发展。

第二章　绿色办公节约环保更经济 / 43

　　提到绿色办公，相信很多人会想到在办公室里种一些花草，既可以改善室内空气，又可以放松心情。但是，你知道吗？绿色办公还包括合理减少电子产品的使用、节约纸张等。绿色办公不仅经济实惠，而且体现了我们对美好环境的无限追求，以及我们对地球家园的一份爱护之心。

目
录

第三章　家庭环保绿色低碳先行 / 75

　　绿色环保理念需要从多个层次来执行，其中最重要的是家庭率先行动。家庭是构成社会的细胞，家庭成员的一言一行都会直接影响社会的发展方向。因此，绿色环保能做到什么程度，与家庭息息相关。家庭中要真正从每一件小事上做到绿色低碳，让绿色的生活从家庭开始。

第四章　绿色消费面面观 / 109

　　绿色生活体现在社会生活的方方面面，包括消费、就餐、出行等。这些生活中的小细节，蕴含了很多节能环保的新契机，如果你是一个环保有心人，就一定能在生活中发现并践行减能减排的方法。本章就从实用的角度，教你如何成为一个环保生活达人，为自己、为社会节约能源。

第五章　低碳绿色休闲生活 / 143

　　休闲娱乐活动能让我们放松身心,释放压力。但是,如果在放松自己的时候增加了地球的负担,就不好了。因此,即使是休闲娱乐,我们也要贯彻"绿色""低碳"的环保理念。比如:与其去健身房运动,不如去公园跑步;与其乘电梯,不如爬楼梯;与其宅在家里,不如去户外进行球类运动……

第六章　旅行也能绿色游 / 169

　　随着生活水平的提高,越来越多的人选择在假期出游。旅游可以开拓视野、带动经济增长,其好处是不言而喻的。但是,旅游也会增加环境的负担,因此,绿色旅游、低碳旅游就显得尤为重要了。

第一章

绿色环保与低碳经济

科技日益发展，给人类带来了便利，也给环境带来了灾难，气候变暖、白色污染等问题接踵而来。面对这样的困境，绿色环保的低碳经济生活和生产理念势在必行。只有认真践行低碳生活、绿色生活，才能从根本上消除环境危机，最终实现人与自然和谐发展。

白族

计算碳排放，消除"碳足迹"

全球气候变暖的重要原因之一，是碳排放量的增加，这个原因已引起世界各国政府和部分有远见企业的重视。起先，英国政府在其官方网站上发布了二氧化碳排放量计算器，让民众随时可以上网计算自己每天排放的二氧化碳量。后来，二氧化碳排放量计算工具也在我国流行，"计算碳排放，缩减碳足迹"，此类宣传语已经被人们所熟知。

"碳足迹"的计算方法

碳足迹是指企业机构在生产活动过程中，或个人在食、住、行、游、购、娱等过程中排放的温室气体数量的总和。我们知道，煤炭、石油、木材等自然资源都是由碳元素构成的，所以，我们使用的资源越多，"碳足迹"就越大。为了知道自己在日常生活中碳的排放量，我们可以借助一些公式来计算，比如，乘坐飞机的碳的排放量的计算公式是：

1. 乘坐飞机的二氧化碳（千克）：

短途旅行：200 千米以内 = 千米数 ×0.275；

中途旅行：200-1000 千米 =55+0.105× （千米数－200）；

长途旅行：1000 千米以上 = 千米数 ×0.139。

> **小贴士：**
> 2015 年，可再生资源和新能源的利用，减少了 200 多万吨二氧化碳的排放，这对减轻大气污染、改善大气质量、缓解气候变暖等起到了积极的作用。

2. 开车的二氧化碳排放量（千克）= 油耗公升数 ×0.785；

3. 家居用电的二氧化碳排放量（千克）= 耗电度数 ×0.785；

4. 乘坐火车的二氧化碳排放量（千克）= 千米数 ×0.04；

5. 肉食的二氧化碳排放量（千克）= 千克数 ×1.24。

这些计算碳足迹的公式，是在联合国和一些环保组织共同出台的计算方式的基础上，结合我国实际情况和行业规定制定出来的符合我国国情的碳足迹计算公式。大家可以根据这些计算公式，了解自己每天的碳排放量是多少，进而采取相应的措施来减少碳足迹。

此外，大家还可以在网上搜索现成的计算器来计算自己的碳足迹。有的碳足迹计算器可以计算我们在衣、食、住、行等多个方面的排放量。

生活中要自觉做到碳平衡

知道了计算公式，我们就可以十分方便地计算自己的碳足迹了。比如，在自驾旅行前，我们可以估算需要消耗的汽油量，如果是 100 升，就意味着会排放 270 千克二氧化碳。这时，我们可以改自驾为乘坐公共交通工具，或者在事后通过植树等方式来弥补。根据相关计算，种植 3 棵树就能抵消 270 千克二氧化碳带来的影响。当然，我们还可以在专业网站上购买二氧化碳排放额度来抵消碳足迹，让自己的碳排放量达到"收支平衡"。

通过计算二氧化碳的排放量，然后利用植树或其他方式来达到"收支平衡"，是很便捷的方式，大部分人都能接受，

小贴士：

人类的生产和生活离不开能源，因此，太阳能、风能、水能、地热能等可再生能源的开发和利用也非常重要。我国政府就明确指出，要大力发展多种可再生能源。而作为个人，我们要尽可能地使用可再生能源，为改善环境尽一分力量。

是降低碳排放的重要途径。目前，这一做法已经得到了有关人士的支持。比如，北京的于女士在一次会议上，通过拍卖的形式，花费 1200 元购买了一片绿茵，这片绿茵可以有效吸收 6.72 吨二氧化碳。也就是说，于女士购买了 6.72 吨碳，这个数额相当于一辆小型汽车 365 天的二氧化碳排放量。于女士的这一做法，有力地说明了通过绿化的方式来抵消碳排放量是可行的。

建立认真负责的低碳生活态度

低碳生活看起来好像很遥远，但是仔细一想，其实离我们很近。我们可以回忆一下：逛商场时乘坐电梯，购物时使用一次性购物袋，冲马桶用的是干净的自来水……这一切的资源消费都是建立在最高标准之上的。那么，你是否想过通过改变这些做法来减少资源浪费呢？如果你真的用心去想了，就可以做到。比如，我们可以把洗脸水、洗衣服的水、洗菜的水等收集起来冲马桶。有人会说，这样做很麻烦。其实，这正是没有建立起认真负责的低碳生活态度的体现，在生活中没有节约的观念。想改变我们生活的环境，就需要每个人都从观念上做出改变，只有这样，才能推动行动的改变。

此外，过度消费、奢侈消费等行为也会严重消耗环境资源，这是导致环境污染的重要原因之一。事实上，物质生活水平是没有标准的，在满足了基本的生活需要之后，我们就可以减少自己的欲望了，太多的欲望只会加重我们的生活负担，加重环境的压力。所以，要想生活得更加潇洒、健康，就要有意识地节制欲望。

总之，我们在生活中要懂得碳足迹的计算方法，还要建立自觉保持碳平衡的意识，努力过上节能减排的绿色环保生活。

知识竞答

1. 节能减排可以促进低碳经济发展，还可以应对全球气候变暖，符合践行（　）的重要手段。。

A. 科学发展观　　　　　B. 人类生存　　　　　C. 节约成本

2. 什么是"低碳经济"?（　）

A. 指较低的炉温　　　　B. 指煤炭用得少

C. 低碳指的是低污染、低耗能、低排放的基础经济模式

3. 认识和懂得计算碳足迹的好处是（　）。

A. 两项都对　　　　　　B. 减少空气中的污染排放量

C. 减少日常的碳排放量

4. 为了减少碳的排放量，夏天空调机调到（　）度，既舒适又节电。

A.20℃　　　　　B.24℃　　　　　C.26℃　　　　　D.28℃

5. 燃气（　）烧水最省气。

A. 大火　　　　　　　　B. 中火　　　　　　　C. 小火

6. 选购买（　）生产的蔬果更低碳，更环保。

A. 本地、当季　　　　　B. 外地、反季　　　　C. 外地、当季

7. 去超市购买饮料时，应该选择（　）包装是低碳的。

A. 玻璃瓶　　　　　　　B. 可降解塑料瓶　　　C. 利乐包

8. 要想做菜低碳，可以采用（　）的加工方式。

A. 火锅　　　　　　　　B. 煎炸、烧烤　　　　C. 蒸、煮、清炒

9. 房屋装修比较低碳的做法是（　）。

A. 简洁装修，多用可循环再造木料

B. 选购颜色丰富的塑料材料

C. 豪华、高档

10. 房间里的设计，比较节能的是（　）。

A.采用全封闭设计，达到较好的灯光效果

B.保留自然采光与通风的设计，采用中空玻璃代替普通玻璃

C.包上暖气罩

答案：

1.A　2.C　3.A　4.C　5.B　6.A　7.B　8.C　9.A　10.B

可再生资源和不可再生资源

　　自然资源指的是自然界中能够被人类用于生产、生活的物质和能量的总称。例如土地资源、水资源、矿产资源、森林资源，自然资源从是否能够再生的角度，可以划分为可再生资源和不可再生资源。

什么是再生资源和不可再生资源

　　不可再生资源是指经过人类的开发和利用后，在相当长的时间内，不能再生的自然资源。不可再生的资源有自然界的各种矿物、化石燃料和岩石，具体包括石油、天然气、碳、煤、金属矿产、非金属矿产等。一些不可再生资源可以重复利用，如铜、铁、金、银、铅、锌等金属资源；不能重复利用的有煤、石油、天然气等化石燃料。

　　可再生资源是指通过天然作用再生更新，从而为人类反复利用的资源，又称为可更新资源。微生物、植物、水生生物、各种自然生物群落、水资源和地热资源等都属于可再生资源，我国可再生资源种类丰富多样，是我国经济发展中不可缺少的资源。

开发利用可再生资源的意义

　　可再生资源是取之不竭的，我国是资源消费大国，但人均资源消费水平还很低。伴随着社会和经济的不断发展，我国的资源需求量也在不断地持续增长。为了适应经济的长远发展，增加资源供应，在保护生态环境的前提下，合理使用资源，促进经济和社会的可持续发展，成为我国的一项重大战略任务。

自 1970 年以来，可持续发展的思想就逐渐成了国际社会的共识，可再生资源的开发和利用受到了世界各国的高度重视，很多国家将再生资源的开发和利用作为本国战略的重要组成部分，并且不少国家都制定了关于可再生资源的法律、制度，让可再生资源的开发和利用得到有力的保障。

对我国而言，可再生资源同样重要，我们要在满足需求的前提下，有效改善资源结构，做到在开发再生资源的过程中减少对环境的污染，为经济发展提供可靠保障。但是，我们也要看到，可再生资源消费占我国资源消费总量的比重还很低。

> **小贴士：**
> 人类的生产和生活离不开能源，因此，太阳能、风能、水能、地热能等可再生能源的开发和利用也非常重要。我国政府明确指出，要大力发展多种可再生能源。而作为个人，我们要尽可能地使用可再生能源，为改善环境尽一分力量。

此外，我们开发再生资源的技术有限，产业基础薄弱，要做到可持续发展地利用资源，还要走很长的路。

合理利用和保护可再生资源

虽然可再生资源是取之不尽的，但这并不等于我们可以随意地开发和利用可再生资源。比如，人类过去乱砍滥伐的行为，直接导致了森林面积大幅度减少和严重的水土流失问题。也就是说，如果对可再生资源的开发和利用的强度超过了其自我更新的能力，那么该资源就会退化，甚至解体。由此可见，即使是可再生资源，合理利用和保护也是非常重要的。

知识竞答

1. 对于可再生资源和不可再生资源，我们的态度是（　　）。

A. 可再生资源可以无限使用

B. 不可再生资源丰富，可以放心大量使用

C. 合理使用这两类资源

2. 矿产、地质资源属于（　　）。

A. 可再生资源　　　　　　　　B. 环境资源

C. 不可再生资源　　　　　　　D. 人文社会资源

3. 可再生资源和不可再生资源可以通过（　　）来保持不被滥用。

A. 节省使用　　　　　　　　　B. 保护性文件的出台

C. 社会各界人士的共同维护　　D. 都对

4. 燃气是属于（　　）资源。

A. 可再生资源。　　　　　　　B. 不可再生资源。

5. 森林资源属于（　　）。

A. 耗竭性资源　　　　　　　　B. 可再生非耗竭性资源

C. 恒定的非耗竭性资源　　　　D. 人文社会资源

6. 水属于（　　）资源。

A. 可再生。　　　　　　　　　B. 不可再生。

7. 环境资源属于（　　）。

A. 耗竭性资源　　　　　　　　B. 非耗竭性资源

C. 可再生资源　　　　　　　　D. 人文社会资源

8. 耗竭性资源的主体是（　　）。

A. 水资源　　　　　　　　　　B. 经济资源

C. 人文社会资源　　　　　　　D. 矿产资源

9. 可再生资源也会变成不可再生资源的原因是（　　）。

A. 可再生资源得到了合理利用　B. 可再生资源遭破坏或污染

C. 可再生资源需求量增加　　　　D. 可再生资源被合理开采

10. 下列有关自然资源基本特征的叙述，正确的是（　　）。

①各种可再生资源的分布一般都具有明显的区域分异规律

②自然资源的地区分布一般具有均衡性的特征

③矿产资源的形成受地质作用的制约，它的分布无规律可循

④自然资源的数量是有限的，但其生产潜力可不断扩大和提高

A. ①②　　　　　B. ③④　　　　　C. ②④　　　D. ①④

答案：

1.C　2.C　3.D　4.B　5.B　6.B　7.B　8.D　9.B　10.D

不可不知的低碳经济

什么是低碳经济呢？低碳经济就是指在可持续发展的理念指导下，通过制度创新以及技术创新等多种手段，最大限度减少煤炭、石油等高能耗的消费，从而达到减少二氧化碳的排放，使社会经济的发展与环境生态的发展相协调，共赢的一种经济发展模式。

低碳经济提出的背景

随着全球人口数量的不断上升，以及经济规模的不断增长，石油、煤、碳等常规能源的环境污染问题也日益凸显，水污染、光化学烟雾和酸雨等已经威胁到了人类的健康，大气中二氧化碳浓度的升高导致全球气候变暖……

在上述背景下，"低碳生活""低碳发展""碳足迹""低碳技术""低碳城市""低碳社会"等众多新概念应运而生。这些新概念的产生说明人们正在逐步走向能源与经济价值大变革时代，这种全新的概念的提出势必要求生态文明建设也要与之相适应，走出一条新道路，摒弃旧的资源利用不合理的模式，应用一种新的技

小贴士：
　　为了保护地球不再变暖，我们应该在生活中尽量做到减少二氧化碳的排放量。具体地应该做到积极提倡并践行低耗能、低开支、低能量的生活方式，注意节电、节油、节水、节气、节材，从小事做起，长期积累就能产生巨大的减碳效果。

术来实现社会资源的合理使用。

现阶段，"低碳经济"已经是全球经济发展的走向。很多发达国家都在大力发展低碳经济，低碳技术，并且在产业、能源、技术等众多方面的政策做出调整，以此来抢占低碳经济的至高点。

发展低碳经济的目的

低碳经济的目标是减少温室气体的排放，达到低能耗、低污染的发展要求，主要包括低碳产业体系、低碳技术和低碳能源系统。低碳产业有节能建筑、新能源汽车、循环经济、节能材料等；低碳技术包括二氧化碳捕捉以及储存技术、清洁能源技术等等；低碳能源系统是指通过发展各种清洁的能源，比如地热能、风能、核能等等，来代替传统的石油和煤等石化能源，以达到减少二氧化碳排放的目的。

二氧化碳的来源有三个方面：火电排放、建筑排放和汽车尾气排放。其中，最主要的是火电排放，大约占二氧化碳排放总量的41%；建筑房屋排出的二氧化碳占比是27%，这个占比也是随着建筑房屋的数量的增多而加大；汽车二氧化碳的排放速度是最快的，这个占比是25%。现阶段，我国汽车的需求量不断加大，汽车二氧化碳的排放量已经很大了。

发展低碳经济，需要在生产、流通、消费、废物回收等各个环节都达到低碳的要求。发展低碳经济要在可持续发展理念的指导下，通过制度创新、产业结构创新、经营手段创新等各种手段来提高能源的生产和使用效率，减少二氧化碳的排放，最终实现社会经济和生态环境的一致协调发展。

发展低碳经济的意义

发展低碳经济对生态资源的可持续性发展有着重大意义。发展低碳经济，一是可以很好地承担环境保护的责任，完成国家节能减排指标；二是可以调整经济结构，提高资源的使用效率，发展新的更加环保的工业，建设文明的生态环境系统。回顾发达国家的发展历程，秉承的是"先污染，后治理"的理念，事实证明这种理念是错误的。但是现在，有了低碳经济这一先进理念作为指导，我们遵循的是"先低端后高端，先粗放后集约"的发展模式，这是资源环境保护和现实经济发展共赢的有力保障。

低碳经济是以耗能、低污染、低排放为主要的经济模式。低碳经济的本质是实现能源的有效利用，核心是减排技术、产业结构和能源技术的创新，以及人类未来发展观念的革命性的转变。因此，我们有必要懂得一些相关知识，在生活中指导自己如何践行低碳生活。

> **小贴士：**
> 碳汇是指清除空气中的二氧化碳的过程、活动和机制，具体地说就是森林吸收和存储二氧化碳的数量的多少，也就是森林吸收并存储二氧化碳的能力有多大。

知识竞答

1. 国家大力发展低碳经济是为了（　　）。

A. 让百姓不要关心经济发展速度　　　　B. 发展第三产业

C. 促进西部和东北老工业发展　　D. 保护环境和发展经济共同发展

2. 低碳经济理念是在（　　）的条件下提出的。

A. 经济下滑　　　B. 气候变化　　　C. 合作　　　　D. 产业调整

3. 气候变化相关的温室气体主要指的是1977年《京都议定书》所列的（　　）种气体。

A.4　　　　　　B.5　　　　　　C.6　　　　　　D.7

4.1990年启动的《公约》谈判到2009年的哥本哈根气候会议，有关国际气候方面的谈判在过去的20年间经历了（　　）个阶段。

A. 两　　　　　B. 三　　　　　C. 四　　　　　D. 五

5. 低碳经济首次出现在官方文件中，是2003年2月24日由（　　）发布的《能源白皮书》。

A. 美国　　　　B. 中国　　　　C. 日本　　　　D. 英国

6. 发达国家中，碳生产力最高的国家是（　　）。

A. 美国　　　　B. 日本　　　　C. 挪威　　　　D. 英国

7. 发达国家中，（　　）的碳排放与经济增长的关系一直呈现强脱钩的特征。

A. 美国　　　　B. 日本　　　　C. 挪威　　　　D. 英国

8. 研究表明，人均碳排放与人均GDP之间存在近似（　　）的曲线关系。

A. 倒V形　　　B. V形　　　　C. 倒U形　　　D. U形

答案：

1.D 2.B 3.C 4.B 5.D 6.C 7.D 8.C

认识各种绿色能效标识

发展绿色低碳经济，需要全民参与。让更多的人认识基本的绿色能效标识，可以帮助人们节约更多的资源，以更好地减少二氧化碳的排放。

什么是能效标识

能效标识指的是能源效率标识，是附在耗能产品或者小包装物上的表示产品能源效率等级等性能指标的一种信息标签。能效标识的作用，是引导和帮助消费者选择适合自己的高能效节能产品。

近年来，我国大力倡导环保节能，消费者对环保家电的呼声也越来越高，绿色能效标识就随之出现了。如果你仔细观察，就会发现不论是洗衣机、冰箱，还是电视机、空调等电器上，都贴有中国能效标识，其中包含产品的品牌、型号、能效等级、容积、耗电量等详细信息。如今，绿色能效标识已成为人们选购绿色能源产品的重要依据。

在中国，能效标识可以划分为五个等级：第一等级表示产品达到了国际先进的水平，是节电、低耗能的。第二等级表示产品比较节能。第三等级表示产品的能源效率达到平均水平。第四等级表示产品

小贴士：

虽然国家规定，家电必须带有绿色能效标识，但是在现实生活中，并不是所有的绿色能效标识都是正规的，比如，一些不合格产品上的能效标识就是假冒的。所以，消费者在购买产品时，要特别注意辨识真伪。

的能源效率低于平均水平。第五等级表示产品的能源效率低于市场准入指标，禁止进入市场销售。

详细认识能效标识好处多

随着国家环保力度的不断加大，以及消费者对家电环保节能要求的不断提高，家电的能耗等级标准都很明确地标在了家电显眼的地方，我们有必要对其进行了解。

中国最早的能效标识出现于 2005 年，当时涉及的产品只有空调和冰箱，后来又陆续增加了电热水器、洗衣机、电饭锅、电磁炉、平板电脑、微波炉等产品。经过多年的发展，逐渐形成了现在我们所看到的能效标识。

那么，不同能效等级的电冰箱和空调的节电差异有哪些呢？举例来说，同样是268升的电冰箱，1级产品比5级产品每天能节省大约0.7度电，365天可以节省大约260度电；同样是1.5P空调，1级产品比5级产品贵700元左右，但每年可节约电费200—300元，算下来，最多使用3年就可收回初期增加的成本，而在空调12年的使用寿命期内，使用1级产品至少可以节约电费2000元。

中国能效管理办法

早在2004年8月，国家发展和改革委员会就联合国家质量监督检验检疫总局共同制定《能源效率标识管理办法》，这一举措标志着我国能源效率标识制度的正式到来。中国建立和实施能源效率标识制度，对提高耗能电子设备的能源效率，提高消费者的节能环保意识，加快建设节约型社会，缓解全面建设小康社会面临的能源限制等方面的矛盾，都具有十分重要的意义。

《能源效率标识管理办法》规定：凡目录所列的产品，都必须在产品外观或最小包装的明显部位标注统一的能源效率标识，并在产品说明书中给予说明。同时，《能源效率标识管理办法》明确了以下行为所要承担的法律责任，主要包括：未按规定标注能源效率标识；未备案能源效率标识；使用的能源效率标识样式不符合规定要求；冒用、伪造、隐匿能源效率标识等。处罚措施主要包括限期改正，通报批评和罚款。

中国绿色能效标识与以往的标识不同，绿色能效标识在授权单位上都有"身份证"，预防假标识的出现。授权发放标识的机构会在相关网站上公布已经备案的产品标识信息，并且每季度都会在相应的媒体上公开信息。如果消费者对产品有什么疑问，可以自行登录相关网站，按标识的备案号进行查询，或拨打热线电话进行询问。

知识竞答

1. "中国能效标识"中有几种不同的颜色，其中绿色代表（ ）。

A. 禁止　　　　　B. 警告　　　　C. 环保节能

2. 使用历史最悠久的能源是（ ）。

A. 化石燃料　　　B. 生物质能　　C. 太阳能

3. 氢能属于绿色能源（ ）。

A. 不是　　　　　B. 是的

4. 下列能源是绿色能源的有（ ）。

A. 潮汐能　　　　B. 风能　　　　C. 地热能　　　D 都是

5. 太阳能光伏发电属于（ ）。

A. 不可再生能源　　　　　　　B. 绿色能源

6. 购买家电时，最好（ ）。

A. 听业务员介绍能效知识，购买节能家电

B. 事先熟悉各种家电能效标识后再购买

C. 都可以

7. 绿色能效标识是（ ）。

A. 大家购买环保产品的首选

B. 引导人们购买环保产品

C. 两个选项都对

8. 在我国的能效标识中，等级5表示产品在节电方面达到了什么水平（ ）?

A. 国际先进水平

B. 我国市场平均水平

C. 低于市场准入指标

9. 按照国家相关规定，目前中国的能效标识将产品能效分为5个

等级，其中等级3表示产品（　　）。

   A. 节电达到国际先进水平   B. 能效效率为我国市场平均水平

   C. 比较节电

10. 按照国家相关规定，目前中国能效标识等级2表示产品（　　）。

   A. 节电达到国际先进水平   B. 能效效率为我国市场平均水平

   C. 比较节电

答案：

1.C 2.B 3.B 4.D 5.B 6.C 7.C 8.C 9.B 10.C

气候变暖就在我们身边

目前，全球气候变暖正在以缓慢的速度推进着，这是一个不争的事实。气候变暖对整个世界都产生了很大的负面影响。逐渐上升的气温导致海平面上升，随之而来的还有严重的洪涝灾害、旱灾等，这些自然灾害会影响局部地区的农业生产，严重的会造成农作物减产。

气候变暖对环境和生活的影响

人们开始注意到气候变暖，是在 20 世纪 70 年代。全球气候变暖对环境和生活的影响主要体现在以下几个方面：

1. 生态系统。气候变暖会破坏一些动植物的生存环境，或导致其习性、迁徙模式等发生改变，或导致其种群数量减少，甚至灭绝，从而给生态系统带来负面影响。

2. 水资源。气候变暖会导致水文系统发生改变，从而影响水量和水质。据悉，全球的200 多条大河中，有近三分之一的河流径流量不断减少。

3. 农业。由于气候变暖，导致很多农作物的自然生长条件发生了变化，从而导致低产。

小贴士：

目前，世界上仍有许多人使用木材、木炭、动物粪便、农作物残留和煤炭为燃料做饭。这些燃料燃烧的过程如果不充分，就会排放出很多二氧化碳，从而导致大气中的温室气体增加。但是，炉具经过改进后，可以让燃料充分燃烧，从而减少95%的碳排放。因此，推广改进后的绿色炉具可以有效减少二氧化碳的排放。

4. 人体健康。气候变暖导致大部地区原气候系统改变。比如,北方地区冬天降雪量减少,呼吸道疾病患者增多。

全球气候变暖,我们该做些什么

全球气候变暖,会改变如今的动植物,包括我们人类自己已经适应的气候环境。因此,有科学家预测,气候变暖如果得不到有效控制,将导致地球上三分之一的陆地生物灭绝,甚至可能包括人类。

因此,在全球变暖的大背景下,大家应该有一个清醒的认识,知道自己该做什么,不该做什么。作为普通市民,我们应该从自身做起,从身边的小事做起,积极应对气候变暖。有人可能认为气候变暖是危言耸听,因为自己的生活并没有受到什么影响。其实,这种想法是不对的。以水为例,中国是一个人口众多而缺水的国家,而气候变暖会导致淡水资源减少,从而加剧我国缺水的情况,可能在短期内,大家不会有明显的感受,但是一旦感觉受到了影响,就为时已晚了。因此,我们要把眼光放长远一些,提高环保节能意识,践行绿色生活。

中国应对全球变暖的措施

中国政府于 2007 年 6 月发布了《中国应对气候变化国家方案》,全面阐释了中国在 2010 年前有关气候变化方面的应对政策,这是中国第一部在应对气候变化方面的综合性的政策指导性文件,同时也是发展中国家在此领域颁布的第一个国家文件。2007 年 10 月,中国把"建设生态文明"写进了党的十七大报告中,为中国环保事业掀开了崭新的一页。

2008 年 10 月,中国政府又发布了《中国应对气候变化的政策与行动白皮书》，全面总结了中国减缓和适应气候变化的政策与行动，成为中国应对气候变化的纲领性文件。2009 年 11 月，中国预计到 2020 年二氧化碳排放比 2005 年下降 50% 左右，并将这一目标作为约束性指标纳入国民经济和社会发展中长期规划中。

从上述可知，中国承诺的减排量相当于同期全球减排量的四分之一。2013 年 11 月，中国政府发布了第一部专门针对适应气候变化的战略规划——《国家适应气候变化战略》。为了进一步应对气候变化问题，2015 年 6 月，中国政府在联合国提交了我国有关气候变化方面的文件，这一文件是中国作为公约缔约方的规定动作，也是中国为实现公约目标所做出的最大努力。

知识竞答

1. 有关全球气候变暖的叙述，正确的是（ ）。

A. 导致全球气候变暖的主要原因是火山、地震频繁发生。

B. 减少二氧化碳排放是抑制全球气候变暖的主要措施。

2. 下列关于"气候敏感性"的理解，不正确的是（ ）。

A. 在大气中二氧化碳浓度增加一倍的条件下，气候敏感性越高，表明地球平均气温上升幅度越大。

B. 联合国部分机构利用技术检测气候敏感性。

3. 近百年来，全球正在经历气候变暖的过程已是不争的科学事实，而且其负面影响日益显现，其中与我们的生活密切相关的是（ ）。

A. 近百年来，地表平均温度上升了 0.8℃，海平面上升了 17 厘米。

B. 气候变化导致海平面上升、海洋碱化、风暴潮增加。

C. 气候变化导致极端气象灾害事件增加。

4. 气候变暖但冻害加剧的原因是（ ）。

A. 蒸腾加剧　　　　　　B. 低温更低　　　　　　C. 降雪期推后

5. 青海湖自 2004 年以来，水面上升了（ ）厘米。

A. 30　　　　　B. 60　　　　　C. 40　　　　　D. 50

6. 下面哪一项是与全球气候变暖有关的（ ）

A. 天山博格达峰雪线下降　　　B. 东海出现南海的鱼种

7. 自然界中的各种因素的变化是会受牵连的，比如，青藏高原积雪面积变小了，会引起这个地区的自然环境的一系列变化，这种变化包括（ ）。

A 地表温度年变化增大．　　　　B. 羊八井地热温度升高

8. 导致全球气候变暖的主要原因是（ ）。

A. 臭氧层被破坏　　　　　　B. 森林被大量砍伐

C. 二氧化硫排放量增加

9. 全球变暖引起的后果是（　）。

A. 蒸发强烈，海平面下降　　　B. 陆地面积增加

C. 温带耕作区向高纬度方向延伸

10. 在全球气候变暖的背景下，我国将来可能会发生（　）。

A. 海南岛的陆地面积将会比现在小

B. 内蒙古草原将会变成亚寒带针叶林

C. 喜马拉雅山雪线降低

答案：

1.B　2.B　3.C　4.C　5.A　6.B　7.A　8.B　9.C　10.A

我国民间环保组织发展迅速

中国民间环保组织从 1978 年开始起步，经过 40 左右的发展，其地位和作用不断凸显出它的重要性。目前，中国的民间环保组织已经发展得比较壮大了。为推动中国和全球环境保护事业的发展与进步做出了重要贡献。

我国环保组织人员机构概括

我国现有各类民间环保组织约 2768 家，环保组织从业人员约为 20 多万人，其中兼职人员约为 15.5 万，全职人员约为 6.9 万。从人员结构来看，我国民间环保组织的从业人员特点为：年轻人居多，30 岁以下的青年人占 80% 左右；学历层次高，大学以上学历的人员占 50% 以上；品德高尚，91.7% 的志愿者不求回报地为环保事业做贡献。

我国的民间环保组织机构可以分为四种：第一种由民间自动组织，比如地球村和自然之友等，这些机构都是以非盈利的活动参与环保事业。第二种由政府部门发起组织，比如中华环保联合会和中华环保基金会等。第三种由学生群体的环保社团，比如

小贴士：

如果你对我们国家的环保事业十分关心，并且也愿意从事这方面的工作，那么你可以选择加入民间环保组织。如果你是环保专业人士，对环保有着自己的研究成果，那么也请您为我们的环保事业贡献一分力量吧！

许多学校的环保社团组织和学校内部的环保组织等。第四种国际环保民间结构在华的常驻机构组成。

我国民间环保组织的社会作用

经过多年的发展，民间环保结构为我国的环保事业的发展做出了重要的贡献。它们通过多种环保公益活动、举办讲座、出版书籍等多种方式开展环境保护的宣传教育工作，为提高我国公众的环保意识、增长环保知识等方面做出了突出贡献。近年来，民间环保机构志愿者们通过开展环保志愿服务中，积极引导更多的人积极参与到环保事业中，这些都是民间环保机构开展环保宣传的重点。

在 2005 期间，90% 左右的民间环保机构发起志愿活动，参与到活动中来的志愿者人数约有 857 万，算起来，几乎每个民间环保机构都有 2500 人参与其中的活动。其中在"保护母亲河行动""北京动物园志愿者导游"等众多活动中，许多志愿者参与其中的同时也影响了很多身边的其他人。

民间环保组织还通过开展社会监督，为国家环保事业建言献策。2004 年 9 月，"自然之友""地球村"等民间环境保护组织在听证会上建议实施整改圆明园湖底防渗工程的工作。此后，圆明园防渗进行了整改，恢复了水面。

我国民间环保组织多次深入农村调研，扶贫解困，推动发展绿色经济。例如，湖南省岳阳市环保志愿者协会组织经过调研，建议退耕农民积极植树造林，参与植树造林的农民每户可以得到 100 元的补贴，等到小树苗长大了以后，这些收益都可以最终归农民所有，自从这项建议实施后，广大农民的积极性得到了很大的提高。

另外，在公众的环境知情权、监督权、参与权等方面，民间环保机构积极响应，比如，在 1995 年，"自然之友"组织了有关滇金丝猴的保护活动，不仅倡导民众参与，还把相关情况及时反馈给国务院，并组织媒体对滇金丝猴的困境进行报道。

我国民间环保组织的发展趋势和特征

我国民间环保组织经过长期的蓬勃发展，已经成为社会发展不可缺少的力量。相关统计显示，预计在未来 10 年内，我国民间环保机构的从业人员每年以 10%—15% 的速度在增长。民间环保组织人员的素质也会进一步提高。

在发展的过程中，我国民间环保机构形成了自己的特征：一是民间性，二是非营利性，三是正规性，四是自治性，五是志愿性，六是公益性。

民间环保机构通过为社会提供环境保护方面的服务，兼顾不同社会人群的环境权益，缓和了社会在发展的过程中的矛盾，推动了国家可持续发展起到举足轻重的作用。

小贴士：

相关调查显示，58.6% 的民间环保组织参与了节能减排工作，包括环保研发、节能减排、环保产品开发、向公众开展宣传教育、环境维权、监督企业履行社会责任等。

知识竞答

1. 我国民间环保组织是（   ）。

A. 国家环保组织的组成部分　　B. 独立于国家环保组织之外

2.《生态文明建设目标评价考核办法》是在（   ）出台的。

A.2016 年 12 月 2 日　　　　　B.2016 年 12 月 3 日

C.2016 年 12 月 4 日　　　　　D.2016 年 12 月 5 日

3. 下面哪一项不是我国环保民间组织的基本特征（   ）。

A. 正规性　　　B. 民间性　　　C. 盈利性　　　D. 自治性

4. 建设环境友好型社会的措施，不正确的是（   ）。

A. 保障公民对环境问题的知情权　　B. 增加对环保事业的投入

C. 倡导高消费　　D. 发展和应用环境友好的科学技术

5. 我国民间环保组织要（   ）。

A. 联合更多的组织来为我国环保事业作出更多的贡献

B. 不断发展壮大

6. 新疆的巴音布鲁克自然保护区的主要保护动物是（   ）。

A. 大天鹅　　　　B. 大天鹅、小天鹅及其他水禽　　　C. 野骆驼

7.《中华人民共和国放射性污染防治法》明确授权（   ）对全国放射性污染防治实施统一监督管理。

A. 公安部门　　B. 环保部门　　C. 建设部门　　D. 卫生部门

8. 我国民间环保组织的成员（   ）。

A. 都是领取报酬而为社会环保事业服务的

B. 都是不计报酬地位为社会环保事业服务的

9.（   ）年，"自然之友"发起了对滇金丝猴的保护行动。

A.1998 　　　　B.1995 　　　　C.1999 　　　　D.2000

10.我国民间环保组织分成（　）种类型。

A.5 　　　　B.6 　　　　C.4 　　　　D.3

答案：

1.A　2.A　3.C　4.C　5.A　6.B　7.B　8.B　9.B　10.C

绿色环保与《京都议定书》

　　环保问题早已不是某个国家或地区的问题，而是上升到了全球的高度，受到国际社会的普遍重视。例如，《京都议定书》就是一个国际环保协议书。1997 年，联合国的气候变化公约大会在日本召开，149 个国家和地区代表参与，并通过了《京都议定书》。《京都议定书》成为第一部人类关于限制温室气体排放的国际法律文件。所以参与签订这项协议的国家都必须履行相应的环境保护责任。

《京都议定书》签订的背景

　　1988 年，联合国环境规划署与有关机构共同成立了政府间的气候变化委员会，这个新成立的机构的主要任务是评估全球气候保护科学知识的状况，气候变化在社会、对经济等多方面的对策。1990 年，该机构发布一则报告：人类活动产生的二氧化碳导致的全球气候变暖不断恶化，如果不采取限制温室气体排放的有效措施，将导致全球变暖。该报告

小贴士：

　　《京都议定书》的签订可以极大地促进各成员国共同为减少温室气体的排放做出有力的制约行为，但是有些发达国家并不因此而买账。

呼吁：应达成一个国际协议来应对气候变化。在这样的背景下，《京都议定书》就应运而生了。

1997年12月，《京都议定书》在日本京都通过，并在1998年3月16日—1999年3月15日开放签字，签字的国家共有84个，于2005年2月16日自动生效。到了2009年2月，共有183个国家签订了该条约。值得注意的是，美国虽然在协议书上签了字，但并没有履行承诺，后来甚至退出了《京都议定书》。

《京都议定书》的签订是为了限制全球温室气体的排放量。我们知道，越是发达的国家，温室气体排放的越多。比如，经济和科技高度发达的美国，其人口数量只占全球人口的3%—4%，但排放的二氧化碳的数量却高于全球排放量的25%，美国是温室气体排放量最大的国家之一。为了自己的利益，美国拒绝减少本国的温室气体排放量，却振振有词地要求其他国家要减少二氧化碳的排放量。虽然美国已经签订了《京都议定书》，但是布什总统为了维持国内的经济发展，拒绝履行该协议。

《京都议定书》的减排方式

《京都议定书》签署后，发达国家从2005年就开始履行减少二氧化碳的排放量，发展中国家从2012年开始履行减排义务。参与签署《京都议定书》的国家众多，有工业发达的国家，这些工业发达的国家人口数量是世界人口的80%。为了顺利完成减排目标，议定书规定可以使用以下四种方式来减排：

1. 用"净排放量"计算温室气体的排放量。

2. 任何两个发达国家可以通过买卖来实现碳排放，即"排放权交易"。具体地说就是如果任何一个发达国家不能完成减排任务，那么，它可以拿出一定的货币，从那些超额完成减排任务的国家中买进超出的额度来供自己完成目标。

3. 各发达国家和发展中国家可以共同努力协作完成温室气体的减排任务。

4. 以集体的方式来完成。也就是说，欧盟内部多个国家可以结成一个集体，采用有的国家削减，有的国家增加的方法来减排，但只要他们内部总体上达到减排任务就算完成目标了。

小贴士：

为了减少全球温室气体的排放量，除了有国际的共同公约外，更重要的是各国要有实际行动的意识，如果签订了公约却并不履行，无疑是一种不负责任的行为。

《京都议定书》的部分内容

根据《京都议定书》的规定，各成员国要做的工作主要集中在以下几点：

1. 考虑到气候变化的前提下发展可持续农业；

2. 提高本国经济有关部门的能源使用效率；

3. 研究和开发新能源和可再生能源，以及二氧化碳固定技术、有意义环境的创新技术；

4. 鼓励适当改革，减少《蒙特利尔议定书》未加管制的温室气体排放的内容。

5. 通过废弃物的严格管理来减少甲烷的排放。

知识竞答

1. 自《京都议定书》签订以来的 12 年间，全球气温平均升高了（　　）。

A.0.3℃　　　　B.0.4℃　　　　C.0.5℃　　　　D.0.6℃

2. 自然存在的主要温室气体包括（　　）。

A. 二氧化碳　　　　　　　　B. 水蒸气、二氧化碳

C. 氧化亚氮　　　　　　　　D. 水蒸气、二氧化碳、臭氧

3. 占世界人口 15% 的发达国家排放的二氧化碳占全世界的（　　）。

A. 二分之一　　　B. 三分之一　　　C. 四分之一

4. 发展中国家在全球碳排放量中所占的比例上升较快，占到了全世界的（　　）。

A.40%　　　　B.42%　　　　C.44%　　　　D.46%

5. 及时关闭电脑和显示器的电源，可以减少二氧化碳排放量的（　　）。

A. 三分之一　　　B. 四分之一　　　C. 二分之一　　　D. 五分之一

6. 城市居民一年的碳排放量需要（　　）棵大树才能完全吸收。

A.10 棵　　　　B.15 棵　　　　C.25 棵　　　　D.30 棵

答案：

1.B　2.D　3.A　4.B　5.A　6.C

走进世界环境日

每年的 6 月 5 日是世界环境日，它的设立体现了各国人民对环境问题的重视，表达了人类对美好生活环境的向往和追求。联合国环境规划署规定：每年的 6 月 5 日选择一个成员国举办有关"世界环境日"的活动，并且要根据当年的世界环境问题来制定有针对性的环境日主题

世界环境日诞生史

从 20 世纪 60 年代开始，全球环境问题日益严峻，受到了世界各国的重视。在这样的大背景下，1972 年 6 月 5 日，联合国在瑞典首都斯德哥尔摩召开人类环境会议，来自 113 个国家和地区的 1000 多名代表参加，重点讨论了当代世界环境问题，并制定了相应的对策和措施。

此次会议通过了《人类环境宣言》和保护全球环境的"行动计划"，呼吁各国政府和人民为了维护和改善人类环境、造福全体人民和子孙后代共同努力。会议建议把开幕式的日期确定为"世界环境日"。中国代表团参加了这次宣言的起草性工作，并在会议上提出了中国政府保护环境的方针："全面规划，合理布局，综合利用，化害为利，依靠群众，大家动手，保护环境，造福人民。"同年 10 月，第 27 届联

小贴士：

世界环境保护日的设立，对于引导人们重视环境保护有积极的意义，我们应积极参与当地举办的世界环境日活动，同时在日常生活中践行环境保护。

合国大会决定成立联合国环境规划署，正式确立每年的 6 月 5 日为世界环境日。

世界环境日设立的意义

世界环境日的作用是联合国促进全球环境意识和提高各国政府间对环境方面的问题的重视，并且采取相应举措的媒介。每年的 6 月 5 日，各国政府都会开展各项活动，宣传与强调保护、改善环境的重要性。此外，联合国环境规划署还会在每年的世界环境日发表环境状况年度报告书。

地球是人类和其他物种共同的家园，然而由于人类的活动，导致地球环境日益恶化，受到影响的不仅有其他物种，还包括人类自己。据悉，现今地球上物种灭绝的速度大大加快，生物多样性丧失的趋势也在以惊人的速度迈进。如果我们不及时采取措施，那么地球生态系统最终将会发生不可逆转的恶化，人类文明所赖以存在的环境也将不复存在。因此，设立世界环境日最大的意义，就在于提醒全人类要注意地球状况和人类活动对环境的影响。

2020 年世界环境日

2020 年的世界环境日大主题是"生物多样性"，小主题是"关爱自然，刻不容缓"。设立这个主题，和席卷全球的新型冠状病毒有关。

地球是一个物种丰富的生态系统，这个生态系统为我们提供适宜的气候、清洁的空气和水，以及富有营养的食物和原材料，是我们生存的基础。因此，一旦这个生态系统被破坏，人类将会遭受灭顶之灾。2019 年，新型冠状病毒病袭来，这是大自然向我们敲响的警钟。从生态环境的角度来说，新型冠状病毒的出现，和人类侵占野生动物的栖息地、破坏物种多样性有关，这一系列活动导致气候变化加剧，破坏了自然界的微妙平衡，为病毒提供了在动物种群与人类之间传播的途径。

知识竞答

1. 下列自然资源中，属于非可再生自然资源的是（　　）。

A. 水　　　　　　B. 石油　　　　C. 森林　　　　D. 土地

2. 世界人口达到 60 亿的时间是（　　），人口的增长对大环境造成巨大的影响。

A.2000 年 5 月　　　　　　　　B.2020 年 1 月

C.1998 年 12 月　　　　　　　 D.1999 年 10 月 12 日

3. 联合国最近发表的观测报告说：到 2030 年，世界人口将达到（　　），那时，全球的资源也会非常紧张。

A.80 亿　　　　　B.150 亿　　　　C.100 亿　　　　D.91 亿

4. 目前世界各国耕地总面积只占全球陆地面积的（　　）。

A.20%　　　　　 B.10%　　　　　 C.30%　　　　　 D.5%

5. 造成土地资源的丧失和破坏的主要原因是（　　）。

A. 人为原因　　　B. 自然原因　　　C. 气候原因

6. 下列问题中，不属于当今世界三大难题的是（　　）。

A. 战争问题　　　B. 资源问题　　　C. 环境问题　　　D. 人口问题

7. 我国水资源总量为 2.8 万亿立方米，居世界第（　　）位，有必要利用环境日把这一结果向公众宣传，让公众更加懂得水资源的珍贵性。

A. 一　　　　　　B. 二　　　　　　C. 五　　　　　　D. 六

8. 不属于造成我国缺水的原因是（　　）。

A. 我国人口多，人均占有水量少

B. 我国水资源的时间、空间分布极不平衡

C. 我国水资源总量较高

9. 我国人均水占有量仅为 2700 立方米，是世界人均占有水量的（　　）。

A.1/2   B.1/3   C.1/4   D.1/5

10.我国水资源在时间、空间上分布不平衡表现在（　）。

A.降水集中在冬季，东部南部地区水资源相对丰富，西部北部严重贫乏。

B.降水集中在夏季，东部南部地区水资源相对丰富，西部北部严重贫乏。

C.降水集中在夏季，东部南部地区水资源严重贫乏，西部北部相对丰富。

D.降水集中在春季，东部南部地区水资源严重贫乏，西部北部相对丰富。

答案：

1.D 2.D 3.A 4.B 5.A 6.A 7.D 8.C 9.C 10.B

第二章

绿色办公节约环保更经济

提到绿色办公，相信很多人会想到在办公室里种一些花草，既可以改善室内空气，又可以放松心情。但是，你知道吗？绿色办公还包括合理减少电子产品的使用、节约纸张等。绿色办公不仅经济实惠，而且体现了我们对美好环境的无限追求，以及我们对地球家园的一份爱护之心。

俄罗斯族

关于开短会的倡议

大大小小的组织都免不了需要开会，开会可以解决很多问题，提高工作效率，解决工作上的问题。一般情况下，企业对待开会都比较慎重，不会搞什么形式主义，但是有一些单位例外，而这种形式主义就是一种浪费行为。

少开会、开短会的提出

喜欢开会的单位，经常出现文山会海的景象。其实，在科学技术迅猛发展、信息瞬息万变的当下．任何事都应该高效率、高效能、高效益地完成。文山会海实际上已经成了文明进步的障碍，所以整治文山会海已是刻不容缓的事情了。

一、消除文山会海的关键取决于领导者的认识和决心。各级党政机关、部门主要领导，要对文山会海的危害有清醒地认识，并下定决心清除文山会海的工作作风，做到自觉遵守，起到表率作用，营造少开会、开短会、讲实效、办实事、少发文、发短文的工作氛围。

二、摸清机关职责和工作标准。只有有关人员真

小贴士：

会议一旦开长了，讲话的人就会注注夸夸其谈，发号施令，做表面文章。"空谈误国，实干兴邦"的道理谁都懂。所以少开会、开短会，纠正会风，已经迫在眉睫。

正明白自己的工作职责和工作标准是什么，才能从根本上树立为经济服务、为基层服务、求真务实、深入基层调研的工作作风，从源头改变浮夸的行为，着眼抓大事，抓主要矛盾，解决重大问题。

三、建立文明规范的办公程序和制度，完善监督制约机制。各级领导部门都有明确的办公程序和规范的制度，有关人员都应严格按照此规范开展工作，这样可以高效、独立地完成工作。但是我们也看到，并不是所有单位从一开始就有了完备的制度，而是在成立之后，在发展过程中不断摸索、逐渐完善的。这类单位，可以积极总结经验教训、学习其他单位的优秀做法，缩短摸索的时间。

四、加强各部门之间的协调、沟通与合作，减少会议和文件。高效地工作，关键在善于根据客观情况的变化及时发现问题并作出调整，加强上下级之间的直接沟通、有效沟通。

五、开会要崇尚开短会、说短话。这就要做到开会时直指问题，切中要害，少些穿衣戴帽和泛泛要求，减少开会过程中不必要的资源浪费，减少环境污染。

小贴士：

开短会可以节约时间和金钱。如果大会小会都长开、大吃大喝，只会劳民伤财。开短会就是为了节约大家的宝贵时间，让大家可以腾出手来多干实事。

严格控制层层发文、层层开会

根据有关指示，有关部门要发扬"短实新"的作风，确保压缩文件篇幅，发给县级以下的文件、召开的会议要减少30%－50%；中央印发的政策性文件原则上不超过10页，地方部门也按此执行。对会议的规格也应有相应的规定，任何人和单位都不得随意拔高会议的规格或扩大会议的规模，未经批准一律不得要求党委和政府主要负责人以及部门一把手参会、陪会。减少开会的开支，还可以通过合并开会、网络视频会议等方式来实现。开会要提高会议实效，杜绝同一件事情反复开会、反复强调，但还是没有解决问题。

开短会办大事，环保低碳新风尚

2010 年，全国人民代表大会提倡"开短会，办大事"的节俭之风，明确禁止各代表团在开会期间自行组织参观旅行，减少扰民，禁止宴请和互赠礼品。

现阶段，国家倡导的低碳环保的生活和工作理念已蔚然成风。在政府的大小会议上，无论是文件袋、小书签，还是各种办公用品，处处都体现了节能环保的理念。比如：使用可重复利用的环保新材料制作而成的文件袋、环保铅笔和再生纸，上面贴有"节能减排，全民行动"的小标签，提醒人们把环保的理念传达给更多人；会上使用的所有复印纸都要求正反两面使用；会上还要求将所有使用过的作废复印纸收集到一起，由专门人员回收再利用；参会人员住宿的客房不再提供一次性洗漱用品等。

总之，开会这件事是大多数单位都经历过的，开会的目的是解决工作中遇到的问题，让工作顺利推进。但是，个别单位把开会当成脱离工作的仪式，不仅消耗了大量的人力、物力和财力，还对资源造成了极大的浪费。所以，每一次开会，都要抓住"解决问题"这一核心，能解决问题即可，杜绝不必要的发言和程序。

知识竞答

1. 开长会的不良影响有（　　）。

A. 造成国家资源的浪费　　　　B. 造成员工时间的浪费

C. 造成交通拥堵　　　　　　　D 以上都有

2. 2010 年，全国人民代表大会提倡（　　）的节俭之风。

A. "开短会，办大事"　　　　B. "开短会"

C. "少开会"　　　　　　　　D. "不开会"

3. 我国政府在开会有关的场合宣传资源保护，这一做法是（　　）。

A. 带领全国人民厉行节俭之风　B. 带领开会人员重视节能减排

C. 宣传政府的节能环保作风　　D. 都对

4. 开短会的好处包括（　　）。

A. 促进资源的回收利用

B. 促进不同行业的人集体行动起来维护环境的健康发展

C. 呼吁人们在具体生活中的小细节做到节能减排　D. 三项都对

5. 中央印发的政策性文件原则上不超过（　　）页。

A. 20　　　　　　B. 10　　　　　　C. 30　　　　　　D. 50

6. 要消除"文山会海"的现象，最重要的是（　　）。

A. 人们要从观念上认识到文山会海的危害

B. 禁止文山会海的做法

C. 依靠外部力量进行整治　　　D. 依靠人民群众举报

答案：

1.D　2.A　3.D　4.D　5.B　6.A

理性对待电脑更新换代

现在的电子产品种类繁多，作用非常广泛，给人们的生活、学习和工作带来了很多便利。但是，电子产品更新换代的速度之快，也给环境带来了很大的污染。

慎重对待电子产品

很多人都说购买电子产品的脚步跟不上电子产品更新换代的速度，这是信息技术突飞猛进带给我们的直观感受。但是，这个"速度"，我们有必要跟上去吗？很多人都喜欢使用更好配置的手机和电脑，一发工资就想着要买新的手机，但是你有没有想过这个问题：买新手机的代价有多大？

在生活中，这样的场景屡见不鲜：明明旧手机、旧电脑还可以用，但只要看到出了心动的新产品，就忍不住"喜新厌旧"。如果你也有这种情况，那么一定要及时转变观念了，因为买一部新手机、买一台新电脑涉及很多方面的问题，比如浪费钱财、环境污染等。所以，我们要理性购买电子产品。比如，如果我们买手机是为了办公、看电影或浏览网页，配置就不需要太高，目前 2000 元左右的手机完全可以满足需求。

电子产品与电子垃圾

你有没有注意到，自己家里的某个角落正摆放着一台旧电视机或旧电冰箱——这些不用的旧家电正在以最快的速度跟主人抢占生活空间。这些电子产品除了挤占生活空间外，更多的是会给环境带来污染。我们知道，生产电子产品是需要耗费一定的污染物的，例如铅、镉、汞等。这些有害物质放在家里的时间长了，就会污染室内空气和环境。

电子垃圾的危害不仅体现在当代，还会影响无数代，甚至产生跨国界危害。现在，已经有国家为了抵制电子产品的危害而制定了相关协议。可见，电子产品的危害已经不是一个小范围的问题了，我们应该引以为戒，少买电子产品，不要盲目"求新"，坚决抵制电子垃圾。

废旧家电含多种有害物质

相关资料显示，普通家电的使用寿命是 10 年—15 年，超期使用的家电会存在诸多安全隐患，其中就包括家电中所含有的有害物质。

废旧电子产品中含有多种有害元素，这些元素会随着家电的老化而逐步泄漏。资料显示，废弃家电主要含有六种有害物质：汞、镉、六价铬、铅、溴化阻燃剂、聚氯乙烯塑料。比如，电脑显示器、电池、开关、电脑元器件、电冰箱、电视机、手机等电子产品都含有这些重金属。

一旦我们将这些废弃的电子产品随意丢弃在垃圾桶里，那么这些废弃电子产品所含的有害物质就会渗透到土壤和水中，这些被污

小贴士：

建议不用的废旧电子产品不要长时间存放在家里，要尽快把它们交给相应的单位去处理，决不能随意丢弃在荒野中。

染的土壤和水会进入动植物及人的食物链循环，最终危害我们自己的健康。如果把这些电子产品烧毁，它们又会释放出二噁英等大量有害气体，同样威胁人类的身体健康。所以，我们要将它们交给专门的回收单位处理。

知识竞答

1. 家用电脑的更新换代不要受到（　　）。

A. 社会奢华风气的影响　　　　B. 经济的影响

2. 一般的电脑对于大多数人来说（　　）。

A. 是足够用了　　　　　　　　B. 不够用

3. 电脑的某个部件坏了可以（　　）。

A. 卖了重买　　B. 可以以旧换新　　C. 可以维修好后再继续使用

4. 某公司的电脑使用了一段时间后（　　）。

A. 没必要卖，可以更换相关的部件，让电脑继续发挥它的使用价值

B. 跟不上工作的需要了，可以卖了再买一批新的

5. 市场上出售的二手电脑（　　）。

A. 不能购买，因为不知道这些电脑的性能如何

B. 可以让专业人士来判断哪些可以购买，以此减少二手电脑的浪费

6. 小米家有一台旧电脑，他应该（　　）。

A. 把它送给需要的人　　　　　B. 卖给电子产品垃圾站

7. 在当今计算机的用途中，数据处理领域的应用占比最大，（　　）。

A. 我们要买高配置的电脑　　　B. 买够用的电脑配置就可以了

答案：

1.A　2.A　3.C　4.A　5.B　6.A　7.B

手机的碳排放及合理使用

说到全球变暖，很多人会想到乱砍滥发、石油化工、汽车尾气……殊不知，智能手机等信息通信技术产品也是当今全球气候变暖的重要推手之一。

手机也会增加碳排放量

也许"智能手机是全球变暖的推手"这样的观点并没有得到大多数人的认可，但是事实上，使用智能手机的确会增加二氧化碳的排放。这种影响看似不起眼，但是我们不应该忽视它存在的影响。

我们如何知道智能手机是否会增加二氧化碳的排放量呢？我们应该从手机开始生产、使用、报废到拆解等所有环节来考虑。以打电话为例，打电话需要借助基站的连接以及数据的交换才能实现。虽然在通话的过程中并没有产生二氧化碳，但是支持通话的基站和数据交换是需要大量的电力能源才能实现的，所以，通话的过程中是会增加能耗的。

小贴士：

手机也是碳排放的源头之一，我们可以通过增加手机的使用年限、观看标准清晰视频等方法来减少碳排放。

不可忽视废旧手机的碳排放

不仅是手机的使用环节会造成碳排放，手机在生产和报废过程中碳排放量也应引起重视。由于人们的生活水平越来越高，对物质的需求也越来越高，因此手机的使用寿命越来越短，平均不过两三年。但是，目前缺乏回收处理废旧手机的专业技术，才导致废弃手机的重金属对环境的污染，此外手机的外壳以及塑料制品也会在降解的过程中产生二氧化碳，这些也是无形当中增加了对空气的污染。

2011年1月，我国《废弃电器电子产品回收处理管理条例》出台，遗憾的是有关手机的回收并没有纳入其中，废旧手机的回收政策是空白的。所以，要想真正降低智能手机的碳排放量，需要各方共同努力。同时，我们要不断加大环保意识方面的宣传，提倡广大消费者要担当起主动少用手机的责任。更重要的是，要在手机回收的环节做到加强管理，鼓励企业不断研发手机回收技术，做到回收手机的过程中，减少二氧化碳的排放，努力做到在回收过程中尽可能减少对环境的污染。

手机看高清无码视频不环保

在手机上观看视频时，大多数人觉得越清晰越好。其实，手机屏幕尺寸有限，标准清晰度通常就能满足舒适观看视频的需求。为什么这里要讨论视频清晰度的问题呢？因为视频清晰度和碳排放量也有直接关系。英国皇家协会科学家发布报告称，在手机上观看高清视频，其产生的碳排放是标清视频的8倍。

该报告指出，电子信息技术在全世界的碳排放量可能占总排放量的1.4%—5.9%。该报告建议各视频网站和监管组织应当限定媒体服务器屏幕的分辨率，设置普清为默认清晰度，以此方式来降低网络服务器的工作压力和手机本身的耗损，最终达到减少碳排放的目的。

　　该报告还提议大家尽量不要频繁更换手机，要增加手机的使用年限，这是因为生产制造新机的过程耗能非常大。假如每隔 2 年就更换一次手机，那么手机的生产制造全过程的耗能约占其一生中全部耗能的一半。

　　据悉，从家中或公司把台式电脑迁移到云空间，也是有助于减少碳排放的，因为云空间容许更合理的网络服务器应用方式，不会在闲置不用时耗费电力能源。

　　智能手机在信息时代中扮演着非常重要的角色，它体积小巧，便于携带。无论是阅读、查阅资料还是导航等，都需要使用手机来为我们服务。但是，我们不能因此过度使用手机，应从节约资源、保护环境、绿色生活的角度出发，珍惜它们，尽量延长它们陪伴我们的时间。

知识竞答

1. 为了减少手机的碳排放量，可以（　）。

A. 用 WIFI 上网　　　　　B. 减少手机的视频使用率

C. 两项都是对的

2. 下面是关于高清视频的描述，正确的是（　）。

A. 经常看高清视频可以增加手机的碳排放量

B. 高清视频比普通清晰度的视频看得舒服，多多看高清的。

3. 关于智能手机的描述，正确的是（　）。

A. 普通手机比智能手机更加环保　　　B. 智能手机比普通手机环保

4. 手机的功能越多（　）。

A. 使用起来更方便　　　B. 排放的污染越多　　　C. 两个答案都对

5. 手机使用过程中，最好（　）。

A. 开着数据，方便时时刻刻都可以看信息

B. 不用数据上网的时候就关闭，以此来省流量，也是减少资源的浪费

6. 如果平时不用手机上网，那么（　）。

A. 必须要有一个智能手机，因为人人都有

B. 就不要购买智能手机

7. 关于学生用手机上网，正确的认识是（　）。

A. 手机上网要控制时间，同时也是控制碳的排放量

B. 手机上网不需要控制时间，反正流量是包月的

8. 关于每月上网流量的描述，正确的是（　）。

A. 按需购买上网流量

B. 包月流量虽然看起来比较划算，但是如果自己用不完，其实是一种浪费

C. 以上两项都是对的

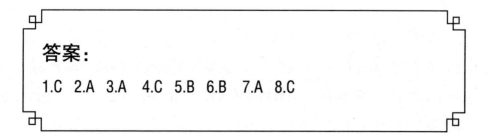

答案：

1.C　2.A　3.A　4.C　5.B　6.B　7.A　8.C

使用纸张时的碳排放

造纸行业属于高污染、高能耗的行业，特别是造纸过程中的烘干工序，需要消耗大量的蒸汽来提供热源。无论蒸汽是外界提供的，还是造纸企业自给自足，都会间接或直接地排放大量二氧化碳。据悉，生产 1 吨全木浆纸，会产生 1.5 吨—2 吨二氧化碳。

少用几张纸，让森林常青

造纸是耗时耗工的事情，古书《天工开物》中说，人们在芒种前后登山砍竹子，然后把竹子切断，放在水中浸泡一百天，加工捶打，去皮杀青，再用上等的石灰涂浆，再蒸煮八天八夜。可见，在古代拥有纸张是一件很不容易的事情。但是，随着生产技术的不断进步，如今的造纸技术已经十分先进，大大提高了人们使用纸张的便利性。

与此同时，森林的情况却不容乐观。据悉，与 8000 年前相比，全球森林面积减少了 80%。当今，地球上每年都会减少 7.3 万平方千米的森林。也就是说，每两秒就有一片足球场大小的森林从地球上消失。这些减少的森林 40% 都被用来加工成纸浆，用以纸张的印刷。从 2003 年开始，中国正式成为世界第二大纸张消费国，人均纸张消费增速飞快。2006 年，我国每人每年用纸高达 50 千克，是 1990 年的 4 倍多。

面对如此惊人的纸张消费数量，我们应该有一个清晰的认识：应该做点什么了。有人会因此抱怨政府在这方面管理不到位、企业过于追求利润，从而导致纸张消费量过大，这种抱怨是无济于事的。其实，我们每个人都应该为此负起责任。如果每个人都有这种意识，并且能在生活和工作中做到节约用纸，那么我们国家的纸张使用量就会减少。如此，我们就可以间接地节省下不少资源，为碳排放的减少做出贡献。

纸张是可以双面使用的

在我国抗战时期，资源匮乏，人们对纸张是非常珍惜的，总是能找到很多节省纸张的办法。比如：把字写得很小，两面使用，用铅笔写过之后，再用钢笔写……其实，不仅是抗战时期需要节省纸张，在现代社会也是一样的。

如果你仔细观察就会发现，很多地方会用醒目的方式来提醒人们要节省纸张，甚至有的地方会给出节省纸张的具体办法："请两面使用纸张""请把没有使用完的纸张送回固定的地点，以备回收"等，大家可能会觉得，这么一张小小的纸，至于说这么多话吗？其实，如果从整个社会的资源浪费的角度来考虑这个问题，人们就能理解这样做的苦衷了，并且会特别赞成这种做法，在实际行动中配合做好节省纸张的工作。

不仅企事业单位要节省纸张，学校也同样需要节约纸张。我们知道，学生用纸其实也是很浪费的，很多学生往往作业本还没有用完，就换新的。如果学校里的学生人人都没有完全用完的本就扔掉了，那么这样的浪费是很大的。如果每个学生都养成了自觉节省纸张的习惯，那么，纸张浪费的问题就会得到解决。

所以，为了节省纸张，我们应该尽量充分使用纸张，不应有一点点浪费。

无纸化办公，绿色办公

据悉，美国政府办公用纸的数量是十分惊人的，他们平均每小时的工作用纸是 1000 万张。虽然我们国家的办公用纸还没有人做过详细的统计，但是可以想象，其数量也难免庞大。

由上述可知，办公用纸也是纸张消耗的重要源头，在信息化技术突飞猛进的当下，无纸化办公就被提上了日程。无纸化办公指的是利用现代网络技术进行办公，这是一种理想的办公方式。无纸化办公的好处是显而易见的，有人很形象地总结无纸化办公的情景：鼠标一点，工作效率随之提高；键盘一敲，纸张的费用就减少了。

无纸化办公其实是非常明智的做法，现在很多单位都采用无纸化办公、自动化办公了。例如，出版社都喜欢采用电脑改稿、写稿，几乎不用纸。无纸化办公不仅提高了单位的工作效率，更是为单位和社会节省了大量资源。事实上，无纸化办公技术已经不是问题了，摆在我们面前的问题是人人都要树立无纸化办公的意识，真正自觉地使用无纸化办公替代纸质化办公。

小贴士：

无纸化办公是最好节约纸张的方式之一，现代计算机已经十分普及了，采用无纸化办公是容易实现的，请从现在开始，转变传统的办公方式，改成无纸化办公吧！

知识竞答

1. 某工厂因为在生产的过程中违反了环境保护的法规，受到环境保护部门的处罚：（1）追究个人责任；（2）被要求限期治理；（3）赔偿损失。上面的处罚中属于行政方面的是（　）

A. 追究个人责任　　　　　　　B. 被要求限期治理

C. 赔偿损失　　　　　　　　　D. 无

2. 纸张的制造（　　）。

A. 需要原材料，所以要节约纸张的使用，做到按需使用，不浪费

B. 平时办公的过程中，要有节约纸张使用的良好意识

C. 两项答案都是对的

3. 办公室纸张的使用要（　　）。

A. 节约　　　　　　　　　B. 要讲究排场，使用好的纸张

4. 如果有只写了一部分的纸张，就可以（　　）。

A. 把这些纸张卖给垃圾回收站

B. 把这些纸张留下来，继续当作草稿使用

5. 工业上，漂白纸浆常用漂白剂，所以（　　）。

A. 为了减少对环境的污染，我们要尽量节约纸张

B. 与我们的关系不大，没必要关心

6. 下列现象不会造成水污染的是（　　）。

A. 造纸厂的废水直接排入附近的河流中　B. 农药化肥的流失

C. 植物的蒸腾作用　　　　　　　　　D. 生活污水的任意排放

7. 渭河被人们称为"陕西的母亲河"。但渭河的污染已经很严重，现在的政府已经加大对渭河的综合治理力度。以下是一些网民提出的建议，你认为不合理的是（　　）。

A. 严禁在河边随意堆放生活垃圾

B. 工业废水经过处理，达到标准后再排放

C. 坚决杜绝使用农药和化肥

D. 严禁在河两岸新建化工、造纸等重污染工厂

8. 下面关于电脑办公的说法，正确的是（　　）。

A. 可从一定程度上替代纸张办公　　　　B. 完全不能取代纸张办公

C. 可以节约因为造纸而砍伐森林　　　　D. 答案是 AC

9. 为了节约用纸，我们可以（　　）。

A. 一张纸的正反两面都充分使用　　B. 把本子没有用完的部分留下来

C. 一张纸要写满　　　　　　　　　D. 以上都可以

10. 节约纸张，我们还有很多办法，如（　　）。

A. 先用铅笔写字，然后用钢笔写字　　B. 写字要尽量写得紧凑一些

C. 边边角角也可以写　　　　　　　D. 以上都是可行的

答案：

1.D　2.C　3.A　4.B　5.A　6.C　7.C　8.D　9.D　10.D

尽量少乘坐电梯

提到"亚健康",我们并不陌生。导致亚健康的原因有很多,如饮食不健康、缺少运动等。不管是什么原因,都应该引起我们的重视,并着力做出改变。这种改变不仅关乎我们的健康,也关乎地球的健康。

少乘电梯体现了节能环保理念

少乘电梯是环保、健康的理念。上下班都尽量不要乘坐电梯,尽可能迈开自己的双腿,这不仅是保持身体健康的法宝,从另一个层面来说,还可以为社会节约一定的资源。电梯每上下运行一次大约需要1度电,如果电梯每天少运行一次,一个月就能节省30度电,那么一年就可以节省360度电。

少乘坐电梯,首先需要我们树立起这样的观念。很多人觉得工作本身就挺累了,在回家的路上想尽量让自己放松下来,于是上下楼时只要有电梯就尽可能乘坐电梯,不走楼梯。其实,这样的观念是不可取的。为了少给环境增加负担,我们应从自身做起,如果不是特殊情况,就尽量不要乘坐电梯,而以步行代替。

除了在上下班途中要少乘电梯,在建筑过程中,相关方面也应该考虑一下是否有安装电梯的必要。有的建筑楼层很低,但也安装了电梯。其实,低楼层建筑安装电梯除了浪费,没有别的益处。如果低楼层建筑不安装电梯,就会减少一部生产电梯所需的资源能源,这不仅不会影响住户的

生活，反而能够帮助住户锻炼身体。

生活中要尽量少用电梯

据有关部门的统计，我们国家的电梯每年的耗电量是300亿度左右。如果企业单位在较低的楼层办公，让员工走楼梯，同时电梯在员工休息的时间里只开部分电梯，这样可以减少10%的电梯用电量，每台电梯每年就可以节省大约5000度电了，同时也可以减排二氧化碳4.8吨。如果在全国有60万台电梯都采用这样的省电模式，那么，每年就可以节省用电30亿度，这个数目相当于减排二氧化碳288万吨。所以，有效地利用电梯，达到节能是一个明智的做法，那么，应该注意用电梯的节能方法具体有哪些呢：

1. 电梯节能的核心就是将电动机输出的电能充分利用。现在，我们已经拥有了比较成熟的电梯节能技术了，在一部分的大城市里，很多商场、酒店都安装了电梯。这些电梯都是采用相控技术和能量回馈技术。

2. 采用带有变频功能的扶梯。变频扶梯在无人搭乘时，自动停止运行来达到省电的目的。

3. 如果是老式扶梯，可以给它安装群控装置，这样就可以达到减少能耗的目的了。

4. 建筑开发商应选择功率合适的升降电梯，这样既节电又省钱。

5. 采用绿色环保电梯，至少可以节省30%的电。

6. 实现电梯轿厢照明及

小贴士：

请不要觉得少乘电梯有什么坏处，少乘电梯无论从环保的角度还是健康的角度来说，都是有益的，所以请少坐电梯，多步行。

通风设备与开门装置同时运行。如果有 5 万部电梯，按每部电梯节电 30％计算，每年总共可以节省 4.5 亿度电。如果再加上节省电梯机房降温设备的耗电量，一年可省电 6 亿度。

7. 一些宾馆、酒店的电梯在闲时及夜间可实施减半运行，这样做能降低空载率，从而节省电力。

少乘电梯有什么好处

每少坐一层电梯，能减少 0.218 千克碳排放。一个人每月少乘一次电梯，一年就可减碳 48 千克。当然，节能减排不是少乘坐电梯的唯一好处。事实上，尽量用爬楼梯代替乘电梯，对健康的益处只多不少，不仅能强化骨关节功能，有助于保持骨关节的灵活性，避免僵化现象的发生，还可增强韧带和肌肉的力量。我们知道，经常锻炼的人，他们的心肺功能都比较强大，而且爬楼梯有助于保持心脑血管系统的健康，防止血栓的形成，对预防高血压、高血脂、低血糖、动脉硬化、冠心病和中风的发生有帮助。爬楼梯还能使神经系统处于最佳的运转状态，可以避免焦虑，治疗失眠。爬楼梯的人消耗体力较大，容易有饥饿感，可增进食欲，增强消化系统功能。

电梯给人们带来了很多便利，尤其是老年人、孕妇等行动不便的人。但是电梯的运行需要耗费大量的电，排放大量的碳。所以，为了减少碳排放，让我们从脚下做起，"脚下一小步，减碳一大步"，在力所能及的范围内多多走路吧！

知识竞答

1.哥本哈根气候变化大会倡导"低碳生活"。过"低碳生活"其实并不难，少用1吨水可减少0.194千克碳排放，空调少开1个小时，可以减少0.621千克碳排放。过"低碳生活"，（ ）。

A.有利于节约资源，但不利于扩大内需

B.有利于发展绿色消费、可持续消费

C.要量入为出、适度消费

D.要避免盲从，理性消费

2.上下班高峰期使用电梯时要（ ）。

A.电梯一到就往里面挤

B.不管有多少人，只要没有超载就能进电梯

C.排队等待，先出后进

D.可以人为阻止电梯关门，等同事到来

3.以下（ ）能用电梯运载。

A.体积较小、轻便的物体

B.超长、过重的物体

C.体积过大的物体

答案：

1.B 2.C 3.A

采购环保型产品

在日常购物时，我们可能会忽略一些关键信息。比如，不注意商品包装上是否印有"环保产品"等字样，以至于我们在选购商品时，往往没有买到绿色环保的商品，给环境带来了不必要的污染。这种购物方式应该及时扭转过来，选购那些环保型商品。环保型商品既可以减少对环境的污染，还可以减少对人体健康的伤害。

关于环保型产品消费的态度

关于环保型产品的消费，不同的人有不同的态度，这个与诸多方面的因素有关，比如消费者的认知、情绪和情感体验等。

有学者指出，消费观念、情绪、情感等是消费的决定性因素。例如，人们会根据自己的经济收入和爱好来选购汽车，而那些选购节能环保型汽车的消费者，对环境保护往往有更多的重视，他们会经常关注环保信息，甚至是环保的有力支撑者，他们在生活的方方面面都体现出环保的理念，如不使用高碳产品。同时，他们会为了环保的利益而放弃一些私欲，比如他们会购买碳汇，用来抵消自己的碳排放量，或者会在一些大型会议上宣扬环保理念，让

小贴士：

日常生活中，我们要尽量选购有质量保证，且有环保标志的产品，这类产品不仅有助于减少环境污染，对人体健康的好处也是不可忽视的。

更多的人和他们一起为环境贡献一分力量。他们对环保型产品抱有高度认可性，不会因为任何因素而降低他们购买环保型产品的信心。

所以，想要人们普遍接受环保型产品，关键在于提高公众对环保型产品的认可度。要提高公众对环保型产品的认可度，有关部门和企业可以采取一些措施，如向公众传达环保型产品的理念、提供质优价廉的环保型产品等，让不同层次的人都买得起环保型产品。

如何选购环保型电池

我们知道，日常用的电池或多或少都带有一定的毒性，因为电池里都含有有害物质，如汞、铅等，这些有毒物质会随着电池的废弃而污染环境。所以，我们在选购电池时，应选择环保型电池，减少电池对环境的污染。

按照国际标准，环保电池指的是不含铅、汞、镉等多种严重污染环境的重金属元素的电池。一次性电池中的无汞电池和充电电池中的镍氢电池都可以说是环保电池。在日常生活中，我们应该使用环保电池，不要使用那些含有有毒物质的电池。那么，我们应该如何选购环保型的电池呢？主要注意以下几点：

1. 选购包装精致、外观整洁、无漏液的电池。

2. 选购有质量保证的电池，比如写有"中国名牌"字样的电池或地方名牌电池。

3. 电池的商标上印有生产厂家的名称、电池极性、型号、电压等信息，销售包装上应用汉语标注厂家地址、生产日期、保质期、执行标准编号等信息。

4. 购买碱性锌锰电池时，要看型号上是否有"ALKALINE"或"LR"字样。

5. 选购商标上标有"无汞""不添加汞"等字样的环保电池。

怎样选购环保型家具

　　人们的衣、食、住、行、游、购、娱等各个方面都要消耗一定的资源，其中，住房消费占人生消费的比重最大，除了买房费用之外，装修、购买家具也是一大笔费用。家具与我们朝夕相处，因此我们在选购家具时，应该选购绿色环保型家具。绿色环保型家具不含有任何有毒物质或含有少量有毒物质，对人体健康没有危害。反之，含有有毒物质的家具对人体危害性大，是不建议购买的。那么，我们应该如何选购绿色环保型家具呢？这里给大家推荐几种辨识环保家具的技巧：

　　1. 看证书。目前，受到家具行业认可的环保认证有国际上通用的 ISO14000 环境体系、"十环认证"等。其中，"十环认证"是由国家环保部门来颁发的，这是我国最高等级的，也是最权威的环保认证了。"CQC 质量环保产品认证"基本上能对产品的环境质量作出全面评价。

　　2. 看饰面。好板材饰面比较耐磨、耐划，且不褪色，不合格的劣质饰面耐磨性不够，3—6 个月后会就会逐渐褪色。

　　3. 看板材。家具的环保性能主要体现在板材上，上等板材的甲醛含量较低。E2 级是符合国内标准的，甲醛含量为 10—30 毫克 /100 克；E1 级是符合欧洲国家标准的，甲醛含量 ≤ 9 毫克 /100 克；E0 级是最环保的世界最高级别的标准，甲醛含量 ≤ 3 毫克 /100 克。如果经济实力允许，一定要选择 E0 级以上的家具。

　　生活中，我们要尽可能使用环保型产品，避免给环境带来不必要的污染，这也是在为我们自己的生命健康打造健康的生活环境。

知识竞答

1. 选购家电时，机身上带有（　）、（　），表明该产品已经通过了中国节能认证。

A. 蓝色；"节"字　　B. 绿色；"节"字　　C. 黄色；"节"字

2. 使用电脑时，比较节能的做法是（　）。

A. 短时间不用电脑时，启用电脑的"睡眠"模式。

B. 将电脑始终开着，并同时打开音箱、打印机等外围设备，以方便使用。

C. 尽量选用大尺寸的显示器，看上去比较舒服、气派。

3 儿童遥控汽车、小型电器等用电池时，提倡（　）。

A. 用一次性电池，到处都可买到，很方便。

B. 使用可充电电池，有外接电源时则用外接电源。

C. 新电池和旧电池混着用比较节约。

4. 如果下面的可回收的废品当中，没有得到回收，将会对环境造成的危害有（　）

A. 废纸　　　　　B. 废玻璃　　　　　C. 废电池

5. 下面的做法中，哪些是对的（　）

A. 道路边种菜　　B. 不饮用新鲜茶叶　　C. 儿童吃了过多的鱼松

答案：

1.A　2.A　3.B　4.C　5.B

绿化我们的办公室

　　办公室是我们日常工作的地方，办公室环境的好坏，会直接影响我们办公时的心情，从而影响到我们的办公效率。为了提高办公效率，我们可以想办法绿化一下办公室，让办公室变得优雅、温馨，为我们的工作营造一个良好的氛围。

营造绿色办公室

　　绿色植物可以给室内带来大自然的气息，美化我们的生活环境，给办公室增添生机与活力，还可以陶冶情操，消除因工作带来的疲劳和紧张感，让工作效率有所提高。营造绿色的办公室，可以参考以下几种方法：

　　1. 点绿化。我们可以用独立的花盆种植一些低矮的灌木植物，还可以把这些盆景摆成各种规则的形状，让它们富有几何美；或者种植花卉，让花香回荡在办公室里，等花凋谢了，把它们捡起来，制成干花，挂在办公室的角落里，把办公室装扮成花的海洋。

　　2. 线绿化。把吊兰之类的花草放在办公室的拐角处或橱柜的某个地方，让枝蔓自然下垂，这样看起来非常随意，还可以让办公室的空气更加健康。

　　3. 面绿化。可以在办公室的飘窗上摆放大量绿色植物，让自己仿佛置身于绿色的海洋之中，工作时心情都会好很多。

不同的办公室可以摆放哪些植物

从美学的角度考虑，在办公室摆放植物时，应从植物的质感、形态、色彩和品质等多方面进行考量，选择与办公室装修相协调的植物。具体来讲，主要参考以下几点：

1. 重在营造安静、舒适的氛围，因此最好选择色彩淡雅的植物，如红掌、富贵竹等。我们还可以自己制作插花，如选用清香的百合搭配大小不同、品种不同的植物来装扮。

2. 按照办公室的大小摆放植物，如果办公室空间较大，采光较好，那么可以选择高大一些的植物来装饰办公室。如果窗户前的阳光比较充足，可以选择喜好阳光的植物，如凤梨、非洲紫罗兰等。

3. 卫生间可以选择比较小、喜阴的植物。

总之，我们要依据办公室的不同特点来摆放不同的植物，或者自己插花，这样还可以提高我们的动手能力和审美水平，同时给办公室带来清新的空气，营造温馨的氛围，陶冶情操。

小贴士：
为了避免植物与人互相争夺氧气，在晚上需要把植物移到阳台、客厅或屋外，到了白天可以把它们移到屋内。

适宜在办公室养的植物

办公室是工作场所，不宜在植物上花费太多时间和精力，因此最好选择比较好养活的植物。相关资料提示，在办公室里比较好养活的植物有文竹、万年青、棕竹、橡皮树、龟背竹、虎尾兰等，这些植物相对比较耐旱耐寒，即使不浇水，也不会在短期内影响其存活。

此外，不同的植物有不同的功能。比如，菊花和芦荟也可以达到降低室内苯的污染；黛粉叶、吊兰等植物放置在屋里可以起到净化空气的作用，它们对房子装修后残留下来的有害气体具有很强的吸附能力；如果我们在自己的办公室里养一些虎尾兰等叶子比较大的植物，则可以吸收80%以上的二氧化碳，并释放氧气。

总之，在办公室里养一些花草，有助于营造舒适宜人的办公环境，让办公室变美的同时，也让空气更加清新。

知识竞答

1. 为了绿化我们的办公室，应该选择（　　）。

A. 绿色的壁纸　　　B. 种植绿色植物　　　C. 购买空气清新剂

2. 绿色办公室还可以选择（　　）。

A. 使用健康环保的办公用品　　　　　B. 经常通风开窗

3. 办公室员工叫外卖，应该符合（　　）的环保要求。

A. 拒绝豪华包装　　　　　　B. "吃不了，兜着走"

C. 多用一次性筷子、餐盒

4. 选购办公室产品应该（　　）。

A. 用商家提供的塑料袋

B. 带布袋子或竹筐

C. 带塑料袋

5. 人造板材制作的家具释放的有害气体主要有（　　）

A. 氨气　　　　　B. 甲醛　　　　　C. 氡气

6. 办公室里的家具如果有氡气释放，会导致（　　）。

A. 近视　　　　　B. 肺癌　　　　　C. 脚气

7. 为了让我们的办公环境变成"绿色"的，应该使用下面哪种涂料?（　　）

A. 普通的涂料　　　　　　B. 环保型涂料

答案：

1.B　2.A　3.C　4.B　5.B　6.B　7.B

第三章

家庭环保绿色低碳先行

绿色环保理念需要从多个层次来执行，其中最重要的是家庭率先行动。家庭是构成社会的细胞，家庭成员的一言一行都会直接影响社会的发展方向。因此，绿色环保能做到什么程度，与家庭息息相关。家庭中要真正从每一件小事上做到绿色低碳，让绿色的生活从家庭开始。

鄂伦春族

日常生活方式与碳排放量

中华民族历来有勤俭节约的美德，而节约有助于减少日常生活中碳的排放量。到了现代，我们应该继续发扬这种光辉的传统，在生活中践行节约的理念。现代人提出了"低碳"节俭概念，低碳生活已经融入我们生活的点点滴滴。那么，什么是低碳生活呢？就是人们过着绿色的、自然的、返璞归真的生活。这个概念体现了其背后的可持续发展的价值观，反映了人类对气候变化和未来生存环境的担忧。要想从根本上解决这个问题，最行之有效的办法就是在生活中提倡勤俭节约。低碳生活是一种健康的、负责任的生活方式，它考虑的是我们子孙后代在将来是否可以持续过上健康的生活，拥有健康的生命。

要做到低碳生活，可以在各个方面改变我们的生活方式。比如：我们每节约一度电，就可以减排 1 千克二氧化碳；如果我们在外就餐的时候，能减少使用 10 双一次性筷子，就可以减排 0.2 千克；如果我们少开一天私家车，就能减排 8.17 千克；用手洗衣服比用洗衣机洗衣服环保得多，用手洗代替一次机洗，可以减排 0.3 千克……

积极践行低碳饮食

低碳饮食指的是以低碳水化合物为主的日常饮食结构。低碳饮食主要是增加蛋白质与脂肪的摄入量，减少或者限制碳水化合物的消耗量。我国人民的日常饮食结构中主要是以小麦、大米等为主，配菜以蔬菜为主，这是一种健康的饮食习惯。但是，也有相当一部分人的配菜以肉食为主。殊不知，肉类属于高碳水化合物，且肉食在生产、加工和运输的过程中都会产生二氧化碳，所以长期以肉食为主不仅不健康，还会加重环境问题。因此，我们可以适当调整饮食结构，降低肉食在饮食中所占的比例，并带领家庭成员一起开启健康、低碳的饮食之旅。

此外，小小地改变一下烹饪方式，也可以为环保做出贡献。例如，我们在煮饭前，可以先把大米浸泡 10 分钟，这样可以缩短煮饭的时间，节电约 10%。如果每户每年因此省电 4.5 度，就能减少排放二氧化碳 4.3 千克，如果全国家庭都做到了，那么每年就可以节省 8 亿度电，减排二氧化碳 78 万吨，这是多么庞大的数字啊。

低碳保鲜应该怎么做

我们在冰箱中存放食物时，如何做才能达到节能减排的效果呢？科学的做法是储存在冰箱里的食物量应该是占整个存储室的 80% 为宜。如果放得过多或者过少，都是一种费电的做法。做到以上的方法，还有懂得食品之间，食品与冰箱之间也要保留大约 10 毫米的空间。

在日常生活中，有人喜欢用微波炉加热、解冻食物。需要知道的是，微波炉每次加热食物不超过 0.5 千克为好，在加热之前最好把食物切成小块，如果食物的量比较多，还可以分开时间段来进行加热，中途还要搅拌，最好使用"高火"来加热。为了减少微波炉开关的次数，我

小贴士：

日常生活中，有一些不用冰箱也可以给食物保鲜的方法。比如，可以将一次吃不完的蔬菜用保鲜膜包好，放入冷水中保鲜，或者放在阴凉处保鲜；还没有做熟的蔬菜，可以把蔬菜根放入凉水里，让根部吸收水分，也可以保鲜。

们要事先把食物从冰箱里拿出来，放在冷藏室里让其自然解冻。

如何做到低碳用火

如果我们使用燃气来烹饪食物，用大火要比用小火烹饪食物的时间短，这样做的好处还可以减少因小火而损失的热量。另外，在夏季，气温偏高，我们烧开水的时候可以先不盖盖子，让比水温度高的空气与水进行热量交换，等到水自然升温至和空气的温度一样时，再盖上盖子开火烧水，这样做可以节省燃气。

对于那些不容易煮烂的食物，我们可以选择使用高压锅来煮，加热的时候可以用微波炉，这样可以节能减排。

> **小贴士：**
>
> 低碳用火其实也有很多讲究，许多人常常让水烧开了一段时间还继续烧，其实这样的开水喝了对人体是不利的，正确的做法是水一开马上就关火，这样的水才是健康水，及时关火还可以节约一部分燃气。

需要知道的是，节俭并不是吝啬，它是一种对自己和环境都十分友好的生活方式，它要求我们以一种俭朴的生活态度来计划好每一个生命细节。只要我们能做到"低碳"生活，新鲜的空气、美丽的田野就将离我们不再遥远。

知识竞答

1."低碳经济"是指以低能耗、( )、低污染为基础的经济发展模式。

A.低排放　　　　　　　B.低标准　　　　　　　C.低效率

2.造成气候变暖的主要原因，是人类在生产生活中排放了大量的( )等温室气体。

A.二氧化硫　　　　　　B.一氧化碳　　　　　　C.二氧化碳

3.2010年世界环境日的主题是多个物种、一颗星球、一个未来，对此我们应该( )。

A.在生活的细节处要过细，减少不必要的浪费

B.珍惜我们的地球资源，不乱砍伐树木

C.两项都对

4.煤烟型大气污染不包括由( )引起的污染。

A.烟尘　　　　　　　　B.粉尘　　　　　　　　C.二氧化碳

5.能提高身体排污能力的食品是( )。

A.高蛋白、高热量、高脂肪的食品

B.粗粮、豆类、海藻

C.各种饮料

6.以下哪种食品所含的致癌物最多?( )

A.水煮鱼　　　　　　　B.烤羊肉串　　　　　　C.炒鸡蛋

答案:

1.A 2.C 3.C 4.B 5.B 6.B

成为时尚"绿领族"

生活中要崇拜"绿领族"，努力让自己成为时尚"绿领族"。有人曾经讽刺那些追求高档消费的人，比如他们总是追求高星级的酒店，或者是高配置的手机、电脑、电视等。其实，追求高档消费本身就是一种高排放的不合理的生活方式。高星级酒店是高能耗、高排放、高污染的碳排大户，每天都要消耗掉大量的能源，排放大量的废物。如果我们有心做到在这些方面不盲目追求，就能为保护环境做出一份贡献。

不住高星级酒店

星级酒店配置高级别的设施，这些高级别的设施本身就是需要消耗大量能源的，入住的人越多，对环境的破坏就越大。调查显示：一家三星级酒店，年需要消耗 1400 吨煤，向空气中排放的二氧化碳至少有 4200 吨、还有 70 吨的烟尘和 28 吨的二氧化硫，13 万—18 万吨标准煤。今天，生活基础能源的价格不断上涨，酒店耗费这么多的能源其实是一种经济负担。据统计，酒店的能源费用支出占营业额的比例为 8%—15%，并且这

小贴士：

照明改用节能灯，以 11 瓦节能灯代替 60 瓦白炽灯，每天照明按 4 小时计算，1 只节能灯每年可省电 71.5 度，相应减排二氧化碳 68.6 千克。

个数据呈不断上升的趋势。

高耗能、高排放、高污染给酒店行业带来了无形的生存压力，同时也带来了变革的动力。这些年，酒店的"绿色"理念在不断加强，不仅自己到做了"绿色"运营和宣传，还为这个行业的改革之风做出了不可磨灭的贡献。

中国饭店协会开展的绿色饭店行业标准实践表明，创建绿色饭店的企业通过采取各项有效措施，节约水、电、气达 10%—30%，一个中型企业一年可节约成本十几万甚至几十万元，这是多么可观的数字。假如整个饭店行业都做到了，那么所节省的费用将是惊人的。

简装出行，轻松愉悦

旅行对大多数人来说是一种排解压力的好办法，同时可以开阔眼界、增长知识、陶冶情操。那么，出去旅行时，如何做才"绿色"呢？我们可以选择少带一些衣物，够穿即可；衣服最好选择纯棉的、吸水性强的，因为这种布料更环保，而且穿在身上更舒适；如果是到不远的地方游玩，可以选择步行或骑自行车到达，如果路途比较远，可以选择乘坐公共交通工具，尽量不要乘坐飞机，因为飞机是一种高耗能的交通工具。另外，旅行要带上自己的洗漱用品，这样一方面可以节约资源，另一方面也能保证卫生。例如，那些一次性牙刷，使用一次就扔掉，在垃圾回收站中进行融化再利用，这个过程会产生大量有毒气体，污染大气。

做少购物的"绿领族"

出门旅行，免不了要购物，但是为了从源头上杜绝污染环境，我们可以选择有需购买。有的人每出去旅行一次，都会带回大包小包物品，不管这些东西是否是必需品，一律都要买，原因是自己喜欢、稀罕或者便宜。其实，这种消费行为是不可取的，不仅浪费钱，而且浪费资源。高档物品的生产往往要经过许多道工序，比天然物品要耗费更多的能源。购物所需的购物袋的生产也是需要耗能的，如果我们少使用 1 千克过度包装袋，那么我们可以节省大约 1.3 千克的标准煤，还可以减排二氧化碳 3.5 千克。假如全国的人每年减少使用 10% 的过度包装袋，那么可减排二氧化碳 300 多万吨。

知识竞答

1. 减少"白色污染"的做法有（　　）

A. 自觉不用或者少用难降解的塑料包装袋

B. 乱扔塑料袋

C. 尽量使用塑料制品

2. 如何做到绿色购物（　　）

A. 大包装的商品　　　　　B. 小包装的商品　　　　C. 一次性用品

3. 下面的做法，哪些不能避免出现空调病（　　）

A. 每天定时开窗通风换气

B. 选用绿色空调、健康空调

C. 定期清洗空调的通风系统、避免真菌的污染

4. 日常生活中要（　　）。

A. 多到自然环境里做运动，不要总待在家里浪费资源

B. 少化妆，多运动才是保持皮肤有活力的好办法

C. 两项都是对的

答案：

1.A　2.B　3.B　4.C

低碳生活，从"衣"开始

　　"过新年，穿新衣""新三年，旧三年，缝缝补补再三年"，这些都是老一辈人的衣物消费观念。而现在，人们常常感叹"衣橱中永远缺少一件衣服"。随着社会生产量的提高，相应地废弃量也随之增长。据相关部门报道，全球每年大约产生9200万吨的纺织品废料，也就是说，每一秒都有满满一垃圾车的衣服被白白地扔到了垃圾填埋场。预计到2030年，这个数量将达到每年1.34亿吨。所以，为了保护我们的生存环境，可以从"衣"开始。

衣服制作中的碳排放

　　根据有关数据显示，以一件纯棉衣为例，制作过程中所消耗的棉花会释放大约100克有害物质到土壤中。每1千克棉花需要消耗7000升—2.9万升水，除了杀虫剂、化肥等所消耗的能量外，生产1件棉衣的棉花一共要排放约1千克二氧化碳，服装在制作过程中还要消耗大量的能源。所以，只要不影响我们的生活质量，每人每年可以少买一些衣服，这样可以节约2.5千克标准煤，同时减排二氧化碳6.4千克。假如，全国每年都有2500万人都做到了这样的要求，那么，我们就可以节约6.25万吨标准煤，减少二氧化碳16万吨。

洗衣机洗衣耗水、费电多

随着人民生活水平的提高，洗衣机走入了千家万户。不过，洗衣机每标准洗衣周期，比手洗的耗水量多一倍多，由此增加排放的二氧化碳为 0.04 千克。以全自动涡轮洗衣机洗一次衣服需要 45 分钟为例，每洗一次衣服大约排放 0.2 千克—0.3 千克二氧化碳。

适量使用洗衣粉

洗衣粉是洗衣过程中必不可少的生活必需品，据数据显示，我们每年消耗的洗衣粉约占洗涤用品的一半以上。如果我们少用 1 千克的洗衣粉，那么就可以节约 0.28 千克标准煤，减少二氧化碳 0.72 千克。把衣服攒够了再放进洗衣机洗，这样既可以省水、省电，还可节省洗涤时间和洗涤剂（洗衣粉）用量。

科学使用电熨斗节能又省时

电熨斗是必备的小家电，无论是衬衫还是外套，有了它就能让衣服变得平整如新。关于电熨斗的使用，也有一定的技巧来达到节能环保的效果。

方法一：科学选购电熨斗。选择功率为 500 瓦或 700 瓦，可以自动断电的调温电熨斗，可以节约电能。

方法二：分时熨烫衣服。在通

小贴士：

某些特殊材质的衣服不仅需要用烘干机烘干，还需要熨烫。烘干一件衣服比自然晾干多排放 2.3 千克二氧化碳。以使用功率为 800 瓦的电熨斗熨一次衣服需要 30 分钟为例，每熨一次衣服大约要排放 0.4 千克二氧化碳。

电初始阶段熨烫耐温较低的衣服，待温度升高后再熨烫耐温较高的衣服，断电后的余热还可以再熨一部分耐温较低的衣服。

方法三：选用替代品来消除衣服的皱痕。例如，可以在玻璃瓶中装满开水，用瓶底来熨烫衣服，效果同样显著。

方法四：有些衣服不需要熨烫，只需要在洗完后将其捋平，或在衣服的门襟、口袋、领子等处好好抻一抻，自然晾干即可，这样做也可以节约用电。

延长衣服的使用寿命

现代人的衣服淘汰速度很快，有的是因为衣服变小或变大的，有的是因为衣服看起来不那么"时尚"了。那么，该如何处理这些衣服呢？有些人会将这些衣服丢弃，被丢弃的衣服就成了"服装垃圾"，被扔进垃圾场的焚烧炉。焚烧不仅要消耗能源，还会产生大量污染物，造成环境污染。因此，我们可以采用下面的方法延长衣服的使用寿命。

方法一：把淘汰的衣服赠送给亲朋好友，这样做既低碳又环保，还能更显人情味。

方法二：改装。将衣物的高领变成一字领、长袖变成九分袖或七分袖、宽松变成收腰……就这样，一件件旧衣服就像被施了魔法一样，焕然一新地重新出现在主人的衣柜里。主人不仅省下了金钱，而且激发了创造灵感，又大大减少了对资源的浪费。

方法三：旧衣服改装成购物袋。把旧衣物剪下相同的两块，缝合成布袋的形状，再给布袋缝上两根手提袋，一个环保购物袋就诞生了。

总之，地球只有一个，地球是我们唯一的家园，我们要共同保护好地球的环境。我们必须为此付出努力，这种努力对我们来说一点都不难，需要的仅仅是树立低碳的生活观念，从自身做起，从点滴做起，从现在做起。

知识竞答

1. 旧衣服属于（　　）。

A. 可回收垃圾　　B. 有害垃圾　　C. 可降解垃圾　　D. 其他垃圾

2. 选择（　　）洗衣粉，衣服容易洗净且低碳节能。

A. 低泡、无磷　　B. 高泡、无磷　　C. 低泡、有磷

3. 从低碳环保的角度来讲，合理的穿着是（　　）。

A. 夏天穿西装打领带　　　　B. 秋冬两季加穿毛衣

C. 冬天女士穿裙子　　　　　D. 冬天男士穿衬衫

4. 色彩浓艳的衣服一般（　　）的含量偏高。

A. 甲醛　　　　B. 乙醛　　　　C. 铅　　　　D. 汞

5. 含磷洗衣粉中的（　　）是导致水体富营养化的罪魁祸首。

A. 磷酸　　　　B. 磷酸盐　　　　C. 甲醛　　　　D. 二氧化碳

6. 我们可以先用少量的水和洗衣粉把衣服（　　）一段时间，然后再用手洗比较脏的地方，最后才用洗衣机洗。这样就可以缩短洗衣服的时间，还节省水电。

A. 充分浸泡　　B. 使劲揉搓　　C. 立即用手洗净

7. 用含有洗涤剂的水（　　）衣服，中途还可以适当加入一些洗涤剂，等全部洗完后再一起漂洗，这样的做法可以节省水电。

A. 连续洗几批　　B. 洗一批　　C. 浸泡一批

答案：

1.A　2.A　3.B　4.A　5.B　6.A　7.A

吃出环保，吃出健康

十年前，很多人都不知道怎样才能吃出健康。而现在，很多人已经比较重视饮食健康了。其实，饮食不仅与健康有关，还与环境、气候有关。科学地吃，不仅能吃出健康，还能达到节能减排的环保目的。

少吃红肉，适当吃白肉

什么是红肉呢？红肉是指畜肉类，包括牛、羊、猪等的肌肉、内脏及其制品。红肉的肌肉呈暗红色，纹理较深，所以得名，禽肉及水产动物的肉色较浅，故称"白肉"。

红肉属于高耗能的肉类，这类肉的生产需要的能耗多，二氧化碳的排放也多，红肉属于高碳食物。而那些谷类等属于低碳食物。比如，生产1千克牛肉要排放36.4千克二氧化碳。而白肉，即鱼肉和家禽肉都属于低碳肉类。所以，我们要少食红肉，适当食用白肉。

而且，红肉的蛋白质、脂肪含量普遍居高，长期食用会引发许多疾病，如糖尿病、癌症等。肉类中的饱和脂肪酸及低密度脂蛋白比较多，如果我们长期

小贴士：

根据联合国粮农组织的报告，生产1千克猪肉，需要消耗4千克—5.5千克的谷物。

食用，则可能会导致心脑血管疾病的发生。而谷物中的成分更多的是含有不饱和脂肪酸、纤维素、维生素以及微量元素，所以谷物是减少心血管疾病的首选食物。

选择健康的烹调方式

家庭生活想要吃出健康，在烹调上也需要有讲究，如炒菜时少放油、选用合格的不粘锅炒菜，不仅可以减少食用油的用量，还可以保证炒菜的油温不会过高，从而有效锁住食物中的营养成分。

高温烹调过程中形成的油烟，是我国室内生活环境的主要污染物之一，严重危害人体健康。因此，炒菜时食用油加热到170℃，出现少量烟雾时，就应及时放入食材。如果温度达到250℃，食用油会发生一系列化学变化，产生大量的热氧化分解产物，这些都是致癌物。为了避免这些伤害，权威部门提出了低温烹饪、减少用油量等健康烹调方法，具体做法如下：在烹饪过程中，要始终开着抽油烟机，并保持开窗通风，烹调结束后延长排气至少5分钟。

安全食用生菜

蔬菜是富有营养的食物，但是，如果我们把蔬菜炒得很熟，就会流失掉一部分营养。所以，在保证安全的前提下，可以适当生食一部分蔬菜，这样蔬菜中的营养成分就有效地被人体吸收，从而增加营养的摄入量。例如，

> **小贴士：**
> 生产1千克肉类的温室气体排放量，由小到大的顺序排列是冬小麦、牛乳、猪肉。

我们可以生吃番茄、胡萝卜、生菜等蔬菜瓜果，新鲜的蔬果富含纤维质和维生素 C，生吃不仅能保存原有的营养，还可以减少油脂的摄取量。但是需要注意，生吃的蔬菜一定要用清水清洗干净，或者用开水烫过一遍再吃，否则可能会出现食物中毒的现象。

知识竞答

1. 以下食品可以提高身体排污能力的是（　　）。

A. 高热量、高蛋白、高脂肪的食物

B. 杂粮、豆类

C. 各种含糖饮料

2. 以下哪个是用人工合成色素做成的原料（　　）

A. 植物　　　　　　B. 煤焦油　　　　　　C. 肥肉

3. 关于食品添加剂的说法中，哪种是不正确的（　　）

A. 食品添加剂的作用是改变食品的色香味，应该限量食用

B. 食品添加剂应该代替高价原料

C. 儿童应该少食或者不食果冻、原料等含有添加剂的食物

4. 下面哪些食物是重金属污染比较严重的（　　）

A. 虾、贝类　　　B. 猪肉　　　　　　C. 水果

5. 以下食品中铅含量最高的是（　　）。

A. 黄瓜　　　　　B. 松花蛋　　　C. 面包

6. 过度使用激素催熟瓜果蔬菜的后果是（　　）。

A. 提高其营养价值　　　　　　B. 人食用后会影响健康

答案：

1.B　2.B　3.B　4.A　5.B　6.C　7.C

绿色食品更健康环保

绿色食品指的是按照可持续发展的原则，符合一定要求的生产方式生产，经过国家有关环保部门机构认证，允许使用绿色食品环保标志的，没有污染的、安全的、优质的、营养的食品，而在我们国家，统一被称作"绿色食品"。

绿色食品的加工要求

绿色食品的生产加工有一套固定的模式，有别于其他食品。绿色食品的安全等级是最高的，在原料耕种、加工的过程中采用优质有机物为原料，不采用任何农药、肥料、生长激素等化学合成物质，不添加任何防腐剂、人工色素，不含转基因成分。绿色食品加工的具体要求有：

1. 绿色食品的生产含有对身体有害的化肥、农药、细菌、重金属等物质禁止高于国家的规定。

2. 绿色食品产自生态环境好的地方。

3. 动物的饲养必须符合相关的饲料标准，并且要定期打疫苗，饲养场地要干净卫生。

4. 农作物在种植以及生长的过程中都要严格按照一定的标准来控制农药、化肥的使用剂量。

5. 绿色食品的包装、储藏、运输、销售过程也要符合相关规定。

6. 绿色食品的生产加工过程要符合国家法律法规要求。

7. 绿色食品的销售要取得国家相关部门授予的检测合格证，才能进入市场。

绿色食品对人体健康没有任何危害，是未来食品生产的主流趋势。人们的生活水平的提高决定了绿色食品追求也来越受欢迎。现在的人们普遍都很重视自然的、安全的食物，而未来的绿色食品的市场前景也会越来越好。

绿色食品对人体健康好在哪里

绿色食品从种植到销售，再到进入消费者口中，都有一套严格的规定，所以对人们的健康是非常安全和有益的。绿色食品对人体的健康好处多多：多吃绿色健康食品可以很好地缓解疲劳，可以舒缓易怒、焦虑的紧张情绪；患有高血压、高血糖、心脑血管疾病的人群也比较适合多吃一些绿色食品。

有机蔬菜可以改善人的体质，尤其可以促进身体排毒，因为有机蔬菜中抗氧化剂的含量比常规产品高。食品安全方面的科学家做过实验，得出结论：抗氧化剂可以有效降低患癌症和心脏病的风险，长期食用绿色健康食品可以很明显地感觉到免疫力在增加，体质也会随之提升。另外，绿色食品还有利帮助细胞再生、预防细胞老化、降低血液中的胆固醇等。对于爱喝酒的人来说，如果能够坚持每天都吃绿色食物，是有利于维护其肝脏健康的。

绿色食品的营养价值丰富，对人体健康的好处体现在多个方面。绿色食品的种植应该在优良的生态环境下，严格按照绿色食品的标准来生产，实行全程质量控制。所以常吃绿色食品，就是在为自己的健康保驾护航。

绿色食品与环保食品的区别

绿色食品和环保食品细分起来是不太一样的。绿色食品在种植和加工过程中都必须符合无公害标准，还要取得绿色食品的标志后才可以允许进入市场销售，所以绿色食品是最安全的、营养最丰富的食品。总的来说，绿色食品指的是按照可持续发展的原则，符合一定要求的生产方式生产，经过国家有关环保部门机构认证，允许使用绿色食品环保标志的，没有污染的、安全的、优质的、营养的食品，由于与良好的环境有关，所以通常被冠以"绿色"两个字。绿色食品之所以称为"绿色"，是因为绿色食品是生长在没有污染的生态环境下的。

环保食品则不同，指的是在食品包装方面符合国家环保包装的标准，对环境无污染的食品。

小贴士：
购买食品时一定要认清食品包装上是否带有绿色食品标志，还要学会看懂绿色食品的相关信息，让这些信息来指导自己选购绿色食品。

总之，绿色食品是一种无公害食品，对人体的健康和保护环境都非常有利，长期食用绿色食品不仅可以降低患上各种疾病的风险，还可以减少对空气的二氧化碳的排放量。

知识竞答

1. 我国的绿色食品是依照什么标准生产的？（　）

A. 颜色是绿色的　　　　　B. 完全无农药和化肥的

C. 依照一定的生产方式，经过绿色食品专门机构的认定，无污染的、优质的营养食品。

2. 绿色食品的开发和管理工作是经国务院批准，由（　）在全国组织实施。

A. 中华人民共和国农业部　　　　B. 国家环境保护总局

C. 国家工商行政管理总局

3. 绿色食品事业创立于（　）年。

A.1990　　　　　B.1991　　　　　C.1992　　　　　D.1993

4. 中国共产党第（　）三中全会《中共中央关于推进农村改革发展若干重大问题的决定》提出支持发展绿色食品。

A. 第十一届　　　　　　　B. 第十七届

5. 使用绿色食品标志商标，必须经过（　）的审核许可。

A. 中华人民共和国农业部　　　B. 中国绿色食品发展中心

6. 绿色食品标志商标是在国家商标局注册的我国第一例（　）。

A. 产品商标　　　B. 服务商标　　　C. 证明商标

7. 绿色食品遵循可持续发展原则，产自优良环境，实行全程质量控制，具有（　）的特点。

A. 无污染　　　　　　　　B. 保健

答案：

1.C　2.A　3.A　4.B　5.B　6.C　7.A

养成节水省电的好习惯

许多人认为水和电是取之不尽、用之不竭的，其实这是一种错误的认知。我们日常用的水和电并不是"自然"来的，而是生产得来的。所以，节水省电是人人都应该养成的好习惯。

养成节约用水的好习惯

不良的用水习惯有很多，如果我们不注意这些细节，就有可能浪费掉很多水。比如：洗澡时，刚打开花洒时，流出来的水是凉的，一些人就会任由这些凉水流走，直到凉水变热，这样就白白浪费了许多干净的水；还有一些人洗澡时，喜欢使用盆浴，殊不知淋浴一般情况下比盆浴节水。

还有的人洗菜时一直开着水龙头冲洗，其实蔬菜当中夹杂着很多泥土，没有充分浸泡在水盆里是很难洗净的，流水洗菜只是浪费水，并不能真正洗净蔬菜。用水设备漏水，如果不及时修好，也会浪费水资源。你知道吗？水龙头"滴水"一个小时，浪费水大约3.6千克，一个月下来大约为2.6吨。据相关部门统计，我国每年因为水设备问题造成的跑水、冒水、滴水、漏水高达100亿吨。

小贴士：

洗漱时如果不间断放水，1分钟需用水12升；刷牙时用水杯接水，只需用水约0.6升，而不间断流水，30秒就大约需要用水6升；用盆接水洗东西3—4次，约需9—12升水，而用流水洗菜、洗碗，5分钟需要约60升水。

家庭节水，最重要的是从生活习惯入手。比如：用水时，如果让水龙头"细流水"，那么一个小时大约可省水 17 千克，一个月可省水 12 吨左右；洗漱时，可以用口杯接水刷牙、用湿毛巾洗脸，这样做比就着水龙头刷牙、洗脸，一人一天可节约 5 升水。

一水多用妙招多

为了节约用水，我们还可以在保证卫生的前提下，尽可能重复利用自来水。具体建议如下：洗脸水可以用来洗脚，然后冲厕所；淘米水可以用来洗碗、浇花；平时可以预备一个收集洗菜水等废水的大桶，它完全可以保证冲厕所需的水量；用煮过面条的水洗碗，去油又节水；用养鱼的水浇花，能促进花木生长。

另外，改变洗碗的方法也可以节水。洗碗时，最好先用纸把餐具上的油污擦去，再用热水洗一遍，最后用冷水冲洗，这样洗碗又省事又干净。在居家生活中，如果我们能养成良好的习惯，能够节省 70% 左右的自来水。

养成节电的好习惯

使用家用电器时，节电的办法也很多。以电冰箱为例，从节能减排的角度看，市面上的节能电冰箱是最省电的，一般而言，节能电冰箱每年省电大约 100 度，相应减少二氧化碳排放 100 千克。如果我们每年新售出的电冰箱 1427 万台都达到节能冰箱的标准，那么全国每年就可以节省用电 14.7 亿度，减排二氧化碳 141 万吨。

那么，我们应该如何选购节能冰箱呢？我们知道，电冰箱的耗电量分为额定耗电量和实际耗电量，电冰箱铭牌上的耗电量为额定耗电量，是在环境温度为 25℃、电冰箱处于稳定运行状态时，运行 24 小时所耗的电能。但是，很少有电冰箱能达到以上标识的能耗水平。所以，想要让冰箱省电，合理选购节能冰箱是很重要的。我国冰箱等级分为五个级别，第一个级别代表冰箱的能耗达到了国际先进的水平，此等级也是最省电的，最环保的。第二个等级代表比较省电。第三个等级代表耗能处于我国市场的平均水平。等级四代表能耗低于平均水平。第五等级代表禁止进入市场。

另外，电热水器也有方法可以省电。使用电热水器时应尽量避开用电高峰期，夏天可以将温控器调低，改用淋浴代替盆浴，这样可以降低三分之二的电费。同时，淋浴器的温度设定要合理，一般在 60℃—80℃之间。

总之，我们要在足够使用的范围内尽可能减少浪费，或者少用资源，达到省水、省电的环保目标。这样做，不仅为我们节省了金钱，还可以减少二氧化碳的排放。

知识竞答

1. 下面办法哪项可以缓解我国水资源的紧缺（　）
A. 加大水资源的开发
B. 节约水资源的使用
C. 全方面节流

2. 为了有效开发、利用水资源，我国各地应该积极创建（　）。
A. 节水型城市　　B. 节约水的企业　　C. 卫生型城市

3. 《中华人民共和国水法》的制定，目的是为了合理开发、利用和节约水资源，防治水害，实现水资源的（　）利用。
A. 有效　　　　B. 可持续　　　　C. 综合

4. 下面哪部法是规定：国家实行计划用水，厉行节约用水。
A. 《水土保持法》　　B. 《水法》　　C. 《环境保护法》

5. 我国节约水资源，推行节约用水措施，推广用水新技术、新工艺等的目的是建立（　）社会。
A. 节水型　　　　B. 生态型　　　　C. 可持续发展型

答案：
1.B　2.A　3.C　4.C　5.C

勤俭节约，变废为宝

在家庭生活中，我们要时时注意不要浪费，做到勤俭节约，变废为宝就是一个不错的方法。在生活中，有的东西用过了，是可以回收再利用的。我们可以把这些东西收集起来，攒得足够多了，把它们卖给垃圾回收站，这样不仅可以变废为宝，还可以让钱袋鼓起来。

吃饭八分饱，健康活到老

美国科学家做过一个实验，他们给 100 只兔子提供充足的食物，每只兔子都可以随意吃到饱；给另外 100 只兔子定量供应食物，让它们只能吃七八分饱。结果，10 年后，随意吃到饱的 100 只兔子死了一半，活下来的多数患有冠心病、高血压等疾病；而那 100 只吃七八分饱的兔子，仅死了 12 只，活下来的兔子都身体健康，精神饱满。兔子的健康与饮食量有关，人的健康也是如此。俗话说"若要身体好，三分饥和寒"，这句话是很有科学依据的。

小贴士：

现在，很多老年人也很重视饮食健康。他们坚持吃七八分饱，但是发现吃得少了，精力就差了，记忆力也跟着衰退了，而且特别怕冷。究其原因，是老人的咀嚼功能、消化功能等都衰退了，这时候再限制饮食，能量供应就跟不上来，新陈代谢变慢，就会出现大多数人口中所说的"身上没劲儿"。其实，"七八分饱"要根据个人的身体情况来定，以体重是否达标为准。

如果我们每餐都吃得特别饱，就会加重肠胃的负担，长期如此，容易导致消化不良，进而引发胰腺炎、高血压等疾病。相反，如果我们只吃七八分饱，就能让肠胃保持最佳的工作状态，吸收营养的效率也会提高。吃饭七八分饱除了对身体的健康有利，还可以节省宝贵的粮食，减少粮食在生产过程中所带来的环境污染。

那么，如何才知道自己是否吃得七八分饱了呢？有一个小妙招：当你离开餐桌的时候，觉得自己还是有点饿，还想吃，这就是七八分饱了。这时候你可以不用再吃了，直接离开餐桌吧。

剩菜打包带回家

现在人们的生活水平提高了，无论是朋友小聚还是洽谈公事等，都经常光顾饭店。于是，我们经常看到这样的场景：大家兴致很高地点了满满一桌子菜，最后却吃不完，由此导致了严重的浪费。我们知道，在这个世界上，还有很多每天食不果腹的人，甚至有人因为长期营养不良而死亡。据统计，世界上每天每5秒钟就有一个儿童死于饥饿。如此看来，食物上的浪费就是一种罪过了。此外，浪费食物还会增加开销、污染环境。因此，我们外出就餐，点菜时一定要量力而行，如果实在吃不完，就打包带回家吧。

旧电池回收意义大

电池是生活中不可缺少的物品，随着手机、电子表、照相机、电子计算机、电动汽车等的出现，电池的使用范围越来越广。据统计，目前我国的电池年产量是230亿只，约占世界总产量的三分之一，其中有130亿只供出口，国内消费大约为 100 亿只，而且年消费量都在以平均 10% 的速度增长。那么，电池的回收率怎么样呢？据统计，电池的回收率不足 2%，这真是一个惊人的数字。

电池给我们的生活带来了便利，但也给环境带来了巨大的威胁。将废旧电池随意丢进垃圾桶，或者处理不当，时间长了，电池里面的汞、铅、镍等有害物质就会释放到空气中，甚至流入土壤和地下水。比如：一节 1 号电池的溶出物足以使 1 平方米的土壤丧失农用价值；一粒小小的纽扣电池就能污染 60 万升水，而 60 万升水足够一个人使用一辈子；充电电池含有的铅会破坏人体的血液循环系统、神经系统和消化系统，镉则会导致肾损伤。废旧电池的危害是如此巨大，所以许多国家都非常重视其回收利用。例如，德国要求顾客把旧电池交给超市，才可以购买新的。

其实，电池中含有的多种稀缺金属，都可以在垃圾处理中得到回收利用。假如全国年消耗的 100 亿只电池能全部回收，那么全年就可以回收 15.6 万吨锌、7.9 万吨氯化铵、2080 吨铜、207 万吨氯化锌、22.6 万吨二氧化锰和 4.03 万吨炭棒，以及更多有价值的有色金属，这是一组非常可观的变废为宝的数据。电池回收利用的环保意义也非常大，如果我国年产销的 100 亿只电池全部回收利用，相当于节约了 576 万吨标准煤，减少碳排放 2400 万吨。

在生活中，我们人人都做到节约财力、物力、资源，变废为宝，实现废旧物品的回收再利用，为节约资源、减少更多的碳排放做贡献。

知识竞答

1. 废旧锂电池的回收方式是（ ）。

A. 和其他垃圾一起回收　　　　B. 和可回收物一起回收

C. 和有害垃圾一起回收　　　　D. 和厨余垃圾一起回收

2. 废手机的充电电池属于（ ）。

A. 可回收物　　　B. 有害垃圾　　　C. 厨余垃圾　　D. 其他垃圾

3. 过期食品属于（ ）。

A. 可回收物　　　B. 其他垃圾　　　C. 有害垃圾　　D. 厨余垃圾

4. 废旧汽车的轮胎属于（ ）。

A. 工业垃圾　　　B. 生活垃圾　　　C. 建筑垃圾

5. 下列适合回收再利用的是（ ）。

A. 废旧电池　　　B. 医疗垃圾　　　C. 废旧金属

6. 空饮料瓶应放在（ ）。

A. 离自己最近的垃圾桶里

B. 可回收垃圾桶里

C. 不可回收垃圾桶里

7. 地里的蔬菜有的腐烂了，我们可以（ ）来避免浪费。

A. 收集起来扔进垃圾桶，以免污染环境。

B. 收集起来自然放置，待其进一步腐烂，变成有机肥。

8. 空矿泉水瓶怎么做可以变废为宝？（ ）

A. 制作成手工艺品　　　B. 卖掉　　　C. 丢进可回收垃圾桶

答案：

1.C　2.B　3.D　4.A　5.C　6.B　7.B　8.A

中国：启动"家庭低碳计划"

低碳生活关系到全球环境问题，许多国家都启动了低碳生活计划，我们国家也启动了这方面的计划。

中国"低碳家庭时尚生活"主题活动

2010 年，由全国妇联等共同主办的"低碳家庭时尚生活"主题活动，在全国启动，并且发出了"家庭低碳计划 15 件事"的倡议。

活动强调，家庭是我国妥善应对气候变化、实行节能减排的一支重要力量，开展低碳行动的意义重大。活动中，作为全国"五好文明家庭"的标兵户代表向广大家庭传达了履行低碳生活的倡议。践行低碳示范的家庭对马桶进行了节水改造，以及在塑料瓶、易拉罐等众多实物的回收利用方面进行演示。参与此次活动的各个家庭成员都表示出极大的热情，他们都纷纷表示要在未来的实践中真正做到低碳生活，减少二氧化碳的排放。

"低碳家庭时尚生活"由全国妇联等共同主办，活动主要倡导

小贴士：

夏季到来的时候，很多家庭都要驱赶蚊子，而蚊香是最常用来驱赶蚊子的。蚊香的主要成分由燃烧剂和助燃剂组成，还有少量的杀虫剂，比如除虫菊酯类，毒性不大。但是，有的蚊香是含有机磷农药和氯农药等物质的，这类蚊香驱赶蚊子的效果也很显著，但是它的毒性也是很强的，家庭中应尽量少用这种蚊香。

节能减排，得到了全国各个省市等人士的大力支持。而与此同时，广东省也在举办"低碳家庭时尚生活一万户家庭绿道欢乐游"的相关活动，号召广大家庭成员都要亲近自然，绿色出行。

"家庭低碳计划 15 件事"

"家庭低碳计划 15 件事"具体包括：1. 少开空调，勤开窗；2. 使用节能灯，出门要关掉家里的开关，拔下插头；3. 衣服可以在自然条件下晾干；4. 循环用水，使用节水的家庭设备；5. 出门在外自带水杯；6. 多喝白开水代替瓶装饮料；7. 杜绝一次性餐具；8. 购物自备布袋；9. 少去健身房，多去户外运动；10. 爬楼锻炼身体，少乘电梯；11. 多坐公交车和地铁，少开车；12. 每周都要有几次是走路或者骑行上班；13. 家里多养花种草，绿化家居环境；14. 减少荤食，科学配比健康饮食；15. 建立家庭低碳档案，核算每月家庭减少的碳排放量。

中国启动的低碳家庭计划，关系到我们每一个人的身体健康和环境健康，希望我们共同遵守这个约定，自觉拿起低碳生活的接力棒，争当"绿色卫生"。

知识竞答

1.低碳经济理念是在（ ）的背景下产生的。

A. 经济危机　　　B. 气候变化　　C. 全球合作　　D. 知识经济

2（ ）是实现低碳经济的物质基础。

A. 经济发展阶段　B. 资源禀赋　　C. 消费模式　　D. 技术进步

3.我国发展低碳经济的劣势是（ ）。

A. 政策支持　　　B. 法律保障　　C. 节能减排经验　D. 技术低

4.首次提出"低碳经济"的是（ ）。

A.《我们能源的未来：创建低碳经济》

B.《联合国气候变化框架公约》

C.《气候变化国家评估报告》

5.下面属于低碳消费指标的是（ ）。

A. 单位 gdp 能耗　　　　　　　　B. 单位 gdp 二氧化碳排放量

C. 人均碳排放　　　　　　　　　D. 二氧化碳排放因子

6.我国的环境问题不包括（ ）。

A. 大气环境　　　　　　　　　　B. 水体环境

C. 固体废物和城市生活垃圾　　　D. 核污染

7.（ ）是中国的一个基本国情。

A. 保护环境　　　B. 人口众多　　C. 发展科技　　D. 计划生育

答案：

1.B　2.D　3.D　4.A　5.C　6.D　7.B

第四章

绿色消费面面观

绿色生活体现在社会生活的方方面面，包括消费、就餐、出行等。这些生活中的小细节，蕴含了很多节能环保的新契机，如果你是一个环保有心人，就一定能在生活中发现并践行节能减排的方法。本章就从实用的角度，教你如何成为一个环保生活达人，为自己、为社会节约能源。

哈萨克族

绿色消费，未来新主流

绿色消费，又称作可持续消费，指的是满足生态需求作为基点，以保护生态环境和有助于人们的健康为标准的内涵的各种消费方式和行为的统称。

让绿色消费覆盖生活的方方面面

2020年，我国的消费已经趋向绿色、环保方向的消费。2021年，国务院颁发《关于加快健全绿色低碳循环发展经济体系的指导意见》时，指出到2025年，我国在绿色低碳循环发展方面将会形成生产体系、流通体系和消费体系。

现在，全国各地区都在积极发展本地绿色优质农产品，各地市民们也越来越倾向于购买绿色的、健康的、安全的产品。顺应这一潮流，许多超市都在选品上积极扩展绿色消费品类。

以汽车为例，现在人们越来越多地认同并选购新能源汽车。除了汽车，还有标有绿色能效标识的热水器、微波炉、洗衣机等众多家电都是人们的首选。

购买绿色食品要看准五点

一、看标志。我国所有绿色食品的标志都印有"经中国绿色食品发展中心许可使用绿色食品标志"字样。

二、看级标。我国把绿色食品分成A级和AA级。A级食品可以限量食用限定的化学合成物。AA级食品则禁止使用一切化学物质。

三、看颜色。A级绿色食品的标志和标准字体都是白色，而防伪标签和标志的底色都是绿色，标志编号是以单数作为结尾的。AA级绿色食品的标准字体和标志都是绿色，底色是白色，防伪标签的底色为蓝色，标志编号是双数结尾。

四、看防伪。一部分的绿色食品含有防伪标识，放在荧光灯下面可以看到该商品的标准文号和绿色食品发展中心负责人的姓名。

五、看标签。绿色食品含有的信息有食品名称、厂名、批号等。

小贴士：

经常食用绿色食品对我们的视力、缓解神经疲劳和肌肉紧张的方面都是有利的。高血压人群更应该常食用。新鲜的绿色水果含有丰富的叶绿色，而叶绿色可以促进我们身体的新陈代谢和缓解压力，让我们更好地调节身体对外界的适应能力。

二手产品回收利用空间大

2020年，我国二手交易市场规模达到1万亿元，未来的发展规模还会不断扩大。国家鼓励具备条件的流通企业回收消费者淘汰下来的废旧电子产品，相关环保部门要求经营方要发挥再生资源的加工利用的优势，做到提高对废旧电器的回收处理的能力。

如今，绿色消费已经成为一种主流的消费观念，很多人都在悄悄改变过去的不合理消费方式。绿色消费节约资源，保护环境，让我们共同携手推进绿色消费，让社会更加和谐，环境更加美好！

知识竞答

1.绿色消费观比传统消费观多了哪个观念？（ ）

A.关心个人健康和安全 　　　　B.关心经济利益

C.关心消费对环境的影响

2使用绿色产品能给消费者带来传统产品所没有的效果，如（ ）。

A.满足自身和他人的使用需要

B.心理上的自豪感和社会的认可 　　C.跟上了潮流

3.生活中，使用哪种电池更环保？（ ）

A.可充电电池 　　B.镍铬电池 　　　　C.干电池

4.哪种包装更加"绿色"？（ ）

A.缎带和绳子 　　B.彩纸和胶带 　　　　C.漂亮的塑料包装

5.防腐剂过量属于食品污染中的（ ）。

A.原料污染 　　　　　　B.保险产生的污染

C.制作过程中的污染 　　　　　　D.生物性污染

6.相较而言，下列哪种食品更加安全健康？（ ）

A.鲟鱼肉 　　　　B.烤肉 　　　　C.炖肉

7.国家对销售转基因食品的规定是（ ）。

A.必须在包装上注明该原料是转基因物质

B.不用注明原料性质 　　　　C.贴上绿色产品标志

8.用餐时，使用下列哪种餐具更健康（ ）。

A.金属餐具 　　　　B.素色陶瓷餐具 　　C.塑料餐具

答案：

1.C　2.B　3.A　4.A 5.A　6.C　7.A　8.B

尽量不买过度包装商品

一些商品为了吸引消费者的目光，走上了过度包装的道路。每当到了节假日，各种高档包装更是琳琅满目、层出不穷，但是打开里面的商品，却很普通。商品是供人们使用的，质量才是商品的内核，把精力和资源都花在包装上，不得不说是本末倒置了。过度包装不仅降低了商品的性价比，浪费了消费者的钱财，还会导致资源浪费和环境污染。

哪些商品存在过度包装

对商品进行适当包装，可以保护商品不受损坏，便于储存和运输，提升观感便于售卖。但是，若过度包装，就是浪费资源。过度包装的表现是包装耗材过多、面积过大、分量过重、成本过高、设计奢华等。

过度包装的危害

商品被过度包装会产生四大危害：产生垃圾、浪费资源、侵害消费者权益和助长奢华的社会不良之风。大部分商品的包装华而不实，造成了社会资源的浪费和环境污染。比如，常用的包装材料，如海绵、塑料等都是难以降解的。过度包装还会误导消费观念，最终损害了消费者的利益。可以说，过度包装不但会污染我们的生存环境，还会污染人们朴实的灵魂。因此，我们需要树立正确的、理性的消费观念，不为过度包装买单。

拒绝过度包装的商品

《中华人民共和国固体废物污染环境防治法》规定："生产经营者应当遵守限制商品过度包装的强制性标准，避免过度包装"，"国家鼓励和引导消费者使用绿色包装和减量包装"。商品被过度包装其实是一种不良现象，拒绝过度包装，倡导绿色消费，弘扬中华传统美德势在必行。为了提倡商品简约包装，相关部门发出了如下几点倡议：

第一，商品包装生产企业要积极研发简约、便于回收利用的包装新材料，进一步推广符合节能环保要求的新工艺、新技术，为企业节约生产成本，为社会节约环境资源。

第二，相关各行业协会开展形式多样的环保包装宣传活动，正确引导餐饮、食品加工、物流等企业主动选择绿色包装、适度包装。

第三，商超、宾馆、饭店及网络购物平台要坚决抵制过度包装商品进店；各大媒体应对过度包装现象予以曝光，对绿色包装及回收利用典型的企业予以表扬。

第四，消费者要自觉树立科学、理性的消费理念，自觉选择简单包装的商品，购物时要尽量自带环保购物袋。

> **小贴士：**
> 国家市场监督管理总局发布《限制商品过度包装要求——食品和化妆品》，明文规定只要在包装空隙率、包装层数以及包装成本，这三项包装指标中有任何一项不合格，就定为过度包装。

知识竞答

1. 某人购买汤圆时，看见汤圆（　），判断其为过度包装，于是放下不买了。

A. 被装在精美的礼盒中　　　　B. 被装在塑料包装袋里

2. 小明在网上购买零食，其中一家的零食包装高档，价格高昂；另一家的零食包装简明，价格适中。小明经过比较，选择了后者，他的做法（　）。

A. 分清了矛盾的普遍性和特殊性

B. 体现了他办事情善于抓住重点

C. 符合绿色消费观念

3. 逢年过节，人们应该购买一些（　）包装的商品来送礼。

A. 精美　　　　B. 简单　　　　C. 高价

4. 小李为了表达对小王的感恩之情，想买一份礼物送给小王，你建议小李买什么档次的礼物？（　）

A. 包装精美的，因为送简易包装的礼物太寒酸了。

B. 为了环保，买中档次的礼物送给小王就可以了。

5. 我国明确提出"限制过度包装"的法律是（　）。

A.《节约能源法》　　　　　　B.《固体废物污染环境防治法》

C.《循环经济促进法》　　　　D.《清洁生产促进法》

答案：

1. A　2. C　3. B　4. B　5. A

按需购物，少买点儿

生活中，一些人为了省事，常常会一次性多购买商品，以备多天使用，或者为了满足一时的消费欲，不顾自身的实际需求，购买了很多原本不需要的物品。其实，这种购物方式是浪费的和不环保的。

少买不实用的衣服

衣服及其原料在生产过程中会产生碳排放，所以，我们应尽量减少购买不必要的"一次性"不实用的衣服。此外，在衣服不多的情况下，可以选择手洗，如果衣服较多，需要用洗衣机清洗，那么可以在洗之前用适量洗衣粉水浸泡衣服，这样可以缩短洗衣机的工作时间，从而减少二氧化碳的排放。假如我们每月用手洗代替一次机洗，那么每台洗衣机每年可节能约 1.4 千克标准煤，相应减排二氧化碳 3.6 千克，如果全国 1.9 亿台洗衣机都每月少用一次，那么每年可节能约 26 万吨标准煤，减排二氧化碳 68.4 万吨。可见，手洗衣服既节约又环保。

小贴士：

如何做到有效控制你的购物欲？心理医生认为，从行为上逐渐控制自己的购物欲是一种行之有效的办法。很多"购物狂"购买商品后都会感到后悔，专家建议购物前养成做计划的良好习惯，平时还要坚持记录大笔消费、大件商品的支出金额，做到有计划地理性消费。

在诱惑面前，该不该买？

经常一见到性价比高或让自己心动的商品，就不假思索地把它们买下来，长期如此，会让我们损失大量的金钱，同时让家里塞满无用之物。那么，有没有办法改变这种行为呢？答案是有的。我们可以在心里先想明白这些问题：我是否喜欢这件商品？我是否需要这件商品？这件商品的价格是否在我的经济能力范围之内？只要有一个问题的答案是否定的，我们就该三思而后行了。这个时候，我们可以告诉自己："我已经有了这种功能的商品了""没有这件商品并不会影响我的生活""如果冲动买下了它，我可能会后悔"……通过诸如此类的理性思考，就能够约束自己的购买欲。

小贴士：
我们还可以结合其他方法，帮助我们养成理性购物的好习惯，如：减少逛商场、逛网店等的次数；把钱存定期，不到期就不能取出来等。

消费行为产生的心理因素

研究表明，消费行为会激发人的大脑中一个叫做脑岛的区域——也是控制疼痛的区域。也就是说，即使我们在经济上负担得起这样的价格，但是我们的大脑也会告诉我们要三思后再决定是否购买。这个理论隐含着的一个事实是：把钱放在口袋里比较安全，而胡乱花钱会给自己带来一定的痛苦。大脑中的内侧前额叶皮质是负责理性思考的区域，在消费时会起到另一番作用，它会用购买带来的乐趣抵消掉脑岛区域所产生的痛苦，从而使人在买与不买之间找到一个平衡点。

你在现实生活中是否遇到过这种情况：当你在商店里看到一双中意的鞋子，这时候你停下了脚步，伫立在这双鞋子面前，思考着自己到底该不该买这双鞋。这时你大脑的思维所经历的过程就是我们上述提到的。此时商品的价格越低，大脑的思考就会越积极，你购买它的可能性也就越大。此外，有研究表明，购买有赠品的商品时，人们的注意力就集中在那个免费得来的商品上，反而忽视了真正花钱购买的那件商品的价格的高低。举个例子，你的牙膏还没有用完，现在并不需要马上购买，在逛商场时，你看到一款牙膏正在以买一送一的方式售卖，这时你就会产生很大的购买欲了。

总之，心理因素对消费行为的影响不可忽视，我们需要理性地告诉自己不要购买那些可买可不买的商品，能省下一些钱就是在为社会做贡献，减少因为生产商品所造成的环境污染和资源浪费。

知识竞答

1. 购物时，人的大脑中，控制疼痛的区域对人购物行为的作用是（　　）。

A. 告诉你要尽快做决定　　　　B. 告诉你购物要三思而行

C. 告诉你要尽快买　　　　　　D. 都不是

2. 人在购物时，大脑中的内侧前额叶皮质是负责（　　）的区域。

A. 情感思维　　　B. 记忆　　　C. 行动　　　D. 理性思考

3. 大脑中的内侧前额叶皮质会（　　）脑岛区域所产生的痛苦，从而使人在买与不买之间找到一个平衡点。

A. 战胜　　　　B. 说服　　　C. 抵消

4. 根据内侧前额叶皮质和脑岛的生理功能，如果我们遇到一家商店正在搞促销活动，这时候你的选择可能是（　　）。

A. 购买　　　　B. 不买　　　C. 可买可不买

5. 商家正是根据（　　）来制订促销方案的。

A. 消费者的消费心理　　　　B. 消费者的经济收入

C. 消费者当时的购买欲望　　　D. 都有

6. 假如你看到了一件心仪的商品，但是家里已经有了具备相似功能的物品了，这时候你应该（　　）。

A. 不要再买　　　　　　　　B. 可以再买一件

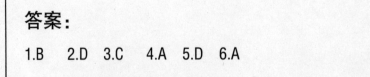

答案：

1.B　　2.D　　3.C　　4.A　　5.D　　6.A

装修中的绿色消费

为了有一个温馨舒适的家，我们买了房子就会装修。在装修时，我们会用到各种材料，这时，一个急需我们重视的问题摆在了面前，那就是装修材料是否环保、安全。随着环保家装观念日益深入人心，人们对家庭装修材料也越来越重视了。

绿色装修的注意事项

一、使用新型环保产品

目前，家装市场上有许多新型环保产品，这些产品价格合理、质量上乘，是家装材料的首选。但现实情况是，不少消费者依旧青睐于传统材料。以水管管材为例，尽管质优价廉的合成管材已经上市许久，但是许多新建住宅或办公楼还是使用传统的铸铁水管来装修，这些铸铁水管不易回收且易老化破损。之所以会出现这种情况，除了与人们的消费观念有关之外，还与相关宣传不到位有关。

小贴士：

甲苯二异氰酸酯含有刺激性气味，对人的呼吸道、眼睛都有极大的刺激作用。如果人体长期吸入甲苯二异氰酸酯可引发支气管炎、肺炎、过敏性哮喘等疾病。

二、拒绝有毒有害的装修产品

107 胶、矿渣水泥等都属于有毒有害的装修材料。此外，有毒有害的人造木质板材、涂料等主要装修材料也不宜使用。

三、引导绿色消费

家装行业要引导广大家装消费者进行绿色消费，享受绿色家居。装修时除了要全面考虑各种无毒无害、安全舒适的环保产品，还要尽可能地贴近自然。

以低碳住宅为安居方向

全球各行业都很重视"低碳住宅"，可以说，低碳住宅代表着未来居民住宅的发展方向。低碳住宅指的是住宅内二氧化碳的排放量非常低。低碳住宅有五个标志：一是生态性，即房子的装修材料是绿色环保的，且垃圾处理、水循环的利用、电能的储存等都应该是生态的；二是智能性，就是说房子是要智能系统化的，因为智能系统可以帮助主人创造优良的绿色环保生活环境；三是低耗能性，即通过家装来尽量减少资源的消耗和排放的污染物；四是造能性，指的是房子本身就具备制造能量的功能，如太阳能、风能、光能的利用可以用来运转电梯、冰箱等设备；五是换能性，指的是装修好的房子具备将二氧化碳或其他有害气体转化成氧气等的功能。

小贴士：

TVOC 总挥发性有机化合物可以在常温下挥发成气体的各种有机化合物的总称。它主要含有的气体成分是酯、烷、烯等等，这些成分都会极度刺激我们的眼睛和呼吸道，还可以伤害肾脏、大脑和神经系统。

使用反光材料做房顶

　　一年四季，有严寒也有酷暑。北方冬天需要烧暖气取暖，南方夏天需要开空调降温，这样就会在无形中耗费了大量资源，是对环境的一种污染，最终还是人类自己受罪。比如，有的人因为环境污染得了皮肤病，甚至是不治之症，使患者苦不堪言。为了降低环境污染，我们在装修时，可以采取很多办法。比如，使用反光材料装饰屋顶，这种材料可以隔热，这样就可以省掉一部分夏天开空调的费用了，还可以有效减少二氧化碳的排放。目前，市面上有许多反光隔热材料，不仅防水，而且保温，价格也不高，是大众家庭装修的好材料。使用这些材料可以大大降低房屋装修成本，还可以延长房屋的使用寿命，我们何乐而不为呢？

知识竞答

1.利用消防水池或沉淀池收集雨水、地表水，用于施工生产用水，属于绿色施工的（　　）。

A.节材与材料资源利用　　　　B.节水与水资源利用

C.节能与能源利用

2利用钢筋尾料制作马凳、土支撑，属于绿色施工的（　　）。

A.节材与材料资源利用　　　　B.节能与能源利用

3.对办公室进行合理化布置，两间办公室设成通间，减少空调、取暖设备的使用数量、时间及能量消耗，属于绿色施工的（　　）。

A.节地与土地资源保护　　　　B.节能与材料资源利用

4.在装修过程中，应该优先选择（　　）。

A.价格低廉的装修材料　　　　B.绿色环保的装修材料

5.根据《环境噪声污染防治法》，居民进行室内装修时，如果发出严重干扰周围居民生活的环境噪声，可由（　　）给予警告，并处罚款。

A.环保部门　　B.公安机关　　C.居委会　　　D.城管部门

6.学校装修如何体现绿色（　　）。

A.校园绿化　　B.环境教育　　C.清洁卫生　　D.房屋绿色

7.ISO14000系列标准是国际标准化组织制定的有关（　　）的系列标准。

A.健康标准　　B.食品工业　　C.药品生产　　D.环境管理

答案：

1.B　2.A　3.B　4.C　5.A　6.B　7.D

外出就餐时的环保行为

平时在家自己做饭吃，这是大多数人的生活常态，但是也会因为一些其他原因出去就餐，比如公司聚会、同学聚会、参加婚礼或生日宴等，这些都不可避免的。虽然不可避免，但我们也不应因此忽视了节约，忽视了环保。

必备购物袋，方便全程

白色污染是现今全球面临的一个难题。在生活中，白色塑料袋随处可见，这些塑料袋正在以惊人的速度威胁着我们的地球家园。它们使土壤失去了使用价值，使众多鸟类因为吃下塑料袋而死亡，使饮用水受到污染……那么，我们外出就餐时，是不是应该自觉使用能回收利用的袋子呢？答案是肯定的。据相关部门统计，现在我们每天使用塑料袋近30亿个，生产这些塑料袋要消耗500万吨原油，每生产一个塑料袋就会排放0.1克二氧化碳，生产30亿个塑料袋，将排放30万吨二氧化碳。除了生产塑料袋时会排放二氧化碳外，运输和处理塑料袋的过程也会产生二氧化碳。既然使用塑料袋会给环境带来这么大的不良影响，那么我们在外出就餐时可以改用环保袋来打包吃剩下的食物。

外出就餐不吃野生动物

随着生活水平的提高，人们除了追求好吃的食物，一些人还喜欢吃野生动物。人们普遍认为野生动物好吃、营养价值高，是外出就餐的首选。其实，这种观念是错误的。

我国出台了野生动物保护法，明令禁止人们捕食野生动物。野生动物是大自然的一部分，是维持地球生态平衡的重要环节，而在野生动物的生存空间已经被严重挤压的当下，食用野生动物无疑会加剧物种灭绝的速度，最终反噬人类自身。所以，为了我们自己，为了我们共同的家园，请自觉做到不食用野味。除了我们要自觉抵制野味外，还要联合社会各界人士保护野生动物，关爱野生动物。

小贴士：

相关科学研究表明，野生动物和家畜家禽的营养元素并没有根本区别。相反，野生动物的体内可能含有病毒、寄生虫等，所以食用野生动物很可能感染多种疾病。

外出就餐不要吸烟喝酒

长期吸烟、喝酒都是对身体有害的。燃烧的香烟会释放一氧化碳，一氧化碳会降低人体血液对氧气的吸收能力。香烟还会使人心跳加快，从而引发血压升高、心肌缺氧，造成冠状动脉堵塞，而心脏的局部缺血又会促使动脉粥样硬化，心脏病就的这样产生的。吸烟还会使大脑缺氧，引发多种脑部疾病，如智力衰退、中风等。吸烟人群的中风机率是非吸烟人群的2倍。

一个人少抽一支烟，每人每年可以节省0.14千克标准煤，相应减排二氧化碳0.37千克。如果全国3.5亿烟民都能做到这一点，我们每年就可以节省大约 5 万吨的标准煤，还可以减排二氧化碳 13 万吨。吸烟不仅会给身体带来危害，还会给环境带来污染，所以外出就餐做到不吸烟，就是文明的就餐行为。

外出就餐除了不吸烟，也最好不要喝酒。我们知道，喝少量酒都能使人的大脑兴奋，大量喝酒会降低人的注意力和判断力，引发视线模糊、失去平衡能力，更严重的是会影响人的记忆力。喝酒还会伤肝，酒主要是通过肝脏代谢的，因此喝酒会给肝脏带来负担，严重影响肝脏的正常功能，最终造成肝损伤。即使是喝少量的酒，也容易对大脑产生损害，导致智力发育迟缓。

外出就餐是一种温馨的休闲方式，受到人们的欢迎。但是，我们在享受外出就餐的快乐的时候，也不要忘了做到不污染环境、不损害身体健康。

知识竞答

1.外出就餐时产生的垃圾,可以用自然净化处理工艺的是( )。

A.污水土地处理　　　　　　B.风力侵蚀

2.就餐打包中,属于白色污染的是( )。

A.塑料袋　　　B.纸　　　　C.废旧衣物

3.外出就餐,我们要提倡( )

A.发展清洁的生产方式　　　B.提倡过度消费

4.以下哪种做法对环境污染小?( )

A.把用过的垃圾随手丢弃　　B.把用过的废纸烧掉

C.把用过的塑料袋反复利用　D.把废旧电池扔入土地

5.水是生命之源,保护水资源、外出用餐节约用水是我们义不容辞的责任。下列做法不利于节水的是( )。

A.涂抹肥皂时关掉水龙头　　B.漂洗衣服的水用来拖地

C.长流水解冻食品　　　　　D.刷牙时关闭水龙头

6.下面哪项不属于餐饮环境污染( )。

A.生物污染　　B.食品污染　　C.噪声污染　　D.土壤污染

7.近些年,餐饮业发达,外出就餐的人增多,排放垃圾的数量也不断增加,这也是造成雾霾天气的原因之一,雾霾的主要成分是( )。

A.二氧化碳、氮氧化物、可吸入颗粒物

B.一氧化硫、二氧化氮、PM2.5

答案:

1.A　　2.A　　3.B　　4.C　5.C　6.A　7.A

买东西自带购物袋

我们在生活中经常购物，有的人到超市购物选择自带环保购物袋，有的人则并没有形成自带购物袋的习惯，经常是空手到超市，买了东西之后掏钱购买塑料袋，回到家后把塑料袋随手扔进垃圾桶里，给环境造成了很多的污染。

购物自带购物袋有什么好处

现在，白色污染非常严重，而塑料袋是白色污染的重要来源之一。如果人人在购物的时候都选择自带购物袋，那么我们每个人都能变身"环保达人"，地球也会感到轻松很多。

塑料袋之所以是白色污染，主要是因为它们当中有很大的一部分是不可降解和再生的，所以，我们在处理塑料垃圾的时候，唯一管用的是挖土填埋和高温焚烧，目前并没有其他更好的方法。但是，填埋在地里的塑料袋需要经过长达百年的时间才能降解，这对土壤的破坏力极大，但是塑料袋焚烧时又会产生大量的有害气体。

随着我国"限塑令"的唱响，现在很多家庭也逐渐改变了购物不带购物袋的习惯。其实，我

> **小贴士：**
> 我们可以利用废旧衣物、布料等，自己动手制作一个漂亮的布制购物袋，这样既可以提高我们的动手能力，又可以助力环保。

们可以换个角度想一想，购物时自带购物袋是很好的事情，这样做可以给自己节省下购买塑料袋的费用，还可以给自己的家人带来环保方面的积极暗示，真是一举两得。所以，在购物的时候，选择自带环保购物袋，是一种明智的做法。

国家明令禁止使用不可降解的塑料袋

国家发改委、生态环境部等九大部门联合印发了《关于扎实推进塑料污染的治理工作的通知》。据悉，通知要求，从 2021 年 1 月 1 日起，在国内部分商场、超市、书店、药店等公共场合，餐饮外卖打包服务中要禁止使用不可降解的塑料袋。通知还进一步提出，从 2022 年起，全国范围内禁止生产、销售一次性的发泡塑料餐具和塑料棉签，禁止所有的餐饮业使用一次性的吸管。但饮料和牛奶等食品自带的吸管除外。

既然国家已经明令禁止使用不可降解的塑料袋，我们就应该积极配合。即使有时候因为不方便自带购物袋，导致购物时又买了塑料袋，也要让这个塑料袋多次使用，如果它脏了，我们可以将其洗干净，这是一种很好的补救措施。

应对塑料污染，普通消费者可以做什么

塑料袋给环境带来的危害人尽皆知，人们也在不同程度上拒绝塑料袋的使用，但是人们还是不能彻底拒绝塑料袋，因为塑料袋在很多行业都发挥着举足轻重的作用，如零售、餐饮等行业。如果"一刀切"地禁止使用一次性塑料制品，可能会对传统消费方式产生冲击，甚至影响到许多行业的发展。

人们传统的消费理念给自然环境带来了很多污染，因此，我们重点是要改变自己的不合理的消费理念，尽可能减少使用塑料袋，可以使用可回收的塑料袋。总之，我们要合理消费，绿色消费。人人参与，从自身做起，从小事做起，逐渐养成绿色消费的理念和习惯，就可以从源头上杜绝白色污染。

知识竞答

1. 以下有关环境、可持续发展的描述中，不正确的是（　）。

A. 购物时自带购物袋，符合环保要求

B. 建立屋面雨水收集系统和空调凝结水收集系统，可以充分利用水资源

C. 可吸入颗粒形成气溶胶，对人类健康有极大的危害

D. 生产中排放的二氧化碳等，是导致温室效应的主要物质

2 去超市购物应该带什么袋子？（　）

A. 塑料袋　　　　B. 布袋　　　　C. 一次性袋子

3. 下列行为中，不环保的是（　）。

A. 去超市购物时自备购物袋，以减少塑料袋的使用。

B. 外出时，尽可能骑自行车或乘坐公共交通工具。

C. 炎热的夏季，可以将空调温度设置为18℃，以保持室内凉爽。

D. 把还能书写的作业本、纸张收集起来，以便充分使用。

4. 可持续发展战略的实施需要公众的积极参与，以下行为方式值得提倡的是（　）。

A. 随手丢弃垃圾　　　　　　B. 自备购物袋

C. 使用一次性筷子　　　　　D. 驾车野外烧烤

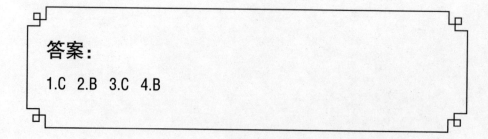

答案：
1.C　2.B　3.C　4.B

清明节 "低碳祭祀"

一年一度的清明节是人们扫墓的日子，唐代诗人杜牧的《清明》诗云："清明时节雨纷纷，路上行人欲断魂。借问酒家何处有，牧童遥指杏花村。"代表了中国人对故去亲友的哀思。每到清明节，人们都想以最高的规格来祭祀去世的亲人，这种心情可以理解，但是从环境保护的角度来看，我们完全可以换一种方式来寄托哀思。

清明节的低碳祭祀

在祭祀的时候，不要放鞭炮或者少放鞭炮，都是低碳祭祀。每当到了清明节，总会有很多人上山扫墓、放鞭炮。殊不知，燃放鞭炮不仅容易引发火灾，还会导致空气中的二氧化硫和氮氧化物含量超标。

祭祀的时候，除了不要放鞭炮外，最好也不要购买豪华包装的祭祀品。在一些地区，人们认为祭祀品越昂贵，越能代表祭祀者的心意。但是，心意是可以用祭祀品的多少、贵贱来衡量的吗？心意到了，一杯淡酒就可以装下浓浓的哀思；心意不到，那么即使祭祀品再豪华、再多，也不过是表面工作罢了。所以，我们要改变这种祭祀观念，节约祭祀开支，这样不仅可以减少污染物的排放，还能保障活着的人的健康。

文明祭祀成趋势

祭祀时燃放炮、烧纸钱，既污染空气又容易引起火灾。因此，国家提倡的绿色环保祭祖成了文明祭祀的趋势。近几年，很多人在选购祭祀品时，都会选择新型祭祀品，如 LED 莲花、电子蜡烛、模拟火焰等，它们可连续工作多个小时，十分经济实惠。

近年来，随着文明祭祀之风深入人心，越来越多的人表示支持绿色文明的祭祀方式。比如，在祖先的墓旁栽上几棵小树苗，几年后就能长成一片绿荫，既满足了祭拜祖先的需求，又满足了环保要求，既表达了思念，又彰显了文明。

除了"植树祭祀"外，"网络祭祀""社区公祭""时空信箱"等新兴祭祀方式也不断出现，文明环保祭祀之风已经成了全民祭祀的主流，越来越多的人参与到文明祭祀中来，践行文明祭祀，绿色、健康、低碳一定会逐渐成为群众的扫墓习惯。

网上祭祀方便又经济

近年，一种全新的网上祭祀悄悄兴起。网上祭祀指的是通过互联网来祭祀，将现实的纪念活动"搬"到互联网上，方便人们随时随地祭奠已逝的亲人，是传统祭祀方式的继承与延伸。逝者亲属可以在相关网站上为逝者注册一块虚拟"墓碑"，然后生成一个二维码墓碑，二维码作为互联网的接入端口，并写上逝者生前的重要事迹，上传逝者生前的照片、视频等相关信息，然后输入祭扫人的姓名，选择鲜花、蜡烛等虚拟祭品，以留言等形式寄托对亲人的思念之情。

网络祭祀的服务内容丰富多样，有墓位装饰、墓位专业保洁、供品选择、祭扫鲜花、礼仪档次等，还有展示方式（与祭祀有关的照片、视频

等，都可以上传到亲人的纪念馆中
永久保存，也可以与其他亲
属分享祭祀的情景）。

　　为了还我们一个绿
色的环境，清明逐渐走向
低碳祭祀，各种各样的环保祭祀

小贴士：

　　清明节选择文明、低碳、环保的
祭祀方式，提高防火防灾安全意识，是全社
会的责任，是每一个人的责任。请大家
做到文明祭祀，平安清明。

已经成为主流，这些祭祀方式既是传统祭祀方式的延伸，也是现代文明祭
祀方式的体现。

知识竞答

1.清明节应该选择哪种祭祀方式?( )

A.网上祭祀　　　B.现场祭祀　　C.烧纸　　D.制作各种祭祀礼品

2.下面做法正确的是( )。

A.上坟不烧纸　　　　　　　B.献花祭祀

3.老王在人少的地方默默祭祀自己的父亲,下面做法正确的是( )。

A.在人少的马路边烧少量的纸。

B.在空旷的地方摆上父亲喜欢看的书,祭祀后带回家。

4.下面哪一项不能体现清明节所包含的人文精神( )

A.把社会活动的节律和自然的时间有机结合

B.清明节祭祖,体现了人们重亲情、贵人伦的人文思想

C.清明节时人们尽情踏青郊游,享受田园风光

D.现代社会,清明节的活动主要是扫墓和植树

5.清明节要低碳祭祀,就要( )。

A.不要有任何祭奠先人的仪式。

B.简单,环保地祭祀先人。

答案:

1.A 2.A 3.B 4.A 5.B

低碳春节，"拼车"返乡

对中国人来说，春节是一年当中最重要的节日。春节的习俗很多，其中最主要的就是全家人团聚一堂，联络感情。几乎所有的中国人都选择回老家过年，这已经是全世界少有的"中国现象"。春节回家的交通方式很多，有的人选择坐飞机，有的人选择坐火车，还有的人选择乘坐公共长途汽车或自驾车。自驾车是一种很浪费资源的返乡方式，所以最好选择以各种方式"拼车"返乡，让环境不会因为每年一次的返乡潮而受到更多的污染。

春节返乡"拼车"也时尚

《全民减排手册》的数据显示，如果我们每个月少开一天车，每车每年可节油 44 升左右，相应减排二氧化碳 98 千克。春节将至，火车票、飞机票、长途汽车票出现销售高峰，许多人因此买不到票。所以，拥有私家车的家庭，大部分都会选择自驾车回家过春节。据相关调查，很多车都是只坐一个或者两个人，很浪费空间。

其实，我们也可以选择不自驾车返乡。现在，社会上很流行"拼"的生活方式，能拼的东西越来越多，五花八门，有拼购年货的，也有拼购年夜饭的。拼购是一种很实惠的消费方式，深受广大人群的青睐。春节期间，我们不妨也采用拼车的方式返乡过年，这种出行方式不仅帮助我们节省了一大笔费用，还给环保贡献了一份力量，真是双赢。

拼车返乡，注意安全

一票难求、万家灯火、家人欢聚历来是春节永恒的主题。一部分在城市工作的外乡人，由于票难买，又没有私家车，所以回家过年只能选择拼车。我们国家是消费大国，碳排放量也相应很大，所以春节期间建议大家绿色生活，多吃蔬菜，少食肉类、减少浪费，节约能源，同时也号召人们拼车回家。

拼车既省钱又环保，但是每年都会出现一些因为拼车而发生的事故。为了广大人民的出行安全，所以提醒广大朋友，拼车不能太随意，一定要事先核实同车车友的个人信息，并在途中注意人身安全，保管好自己的财物。

如何拼车更安全呢？答案是首选熟悉的朋友一起拼车。如果必须与陌生人拼车，一定要注意了解车主和同车人的身份信息，互相查验身份证是必不可少的环节。确定了行程后，还应该把车主和同车人的身份信息等发送给最好两名以上的亲友，这样做的好处是可以在发生紧急事件后及时得到联系。另外，在乘车的时候，不要和不熟悉的同车人过多聊天，更不能炫耀收入、暴露携带的贵重财物、透露敏感信息等。

由于拼车返乡的路途都比较远，需要几个人倒班开车，所以在拼车前还应事先了解有关驾驶员的基本信息，如驾驶技术、所驾驶的车型、曾经是否跑过长途等等。没有驾驶过所乘车型的车主，尽量不要乘坐这种车型。拼车回家，总的路程最好不要超过24小时；开车过程中心态要平稳，不急不躁，避免心急赶路和疲劳驾驶，同时还要合理休息，另外

小贴士：

春节拼车返乡，最好选择正规的网络平台拼车。正规的网络平台管理规范、法律意识强，车主信息、车辆信息、乘车人的信息等都比较齐全，选择这类平台拼车返乡更有安全保障。

最好给自己上一份相应的人身意外保险。

春节拼车回家的法律风险

中国人常说"有钱没钱，回家过年"，的确，不管一年挣了多少钱，都不会影响人们春节回乡的热切心情。很多人选择拼车回家，这是非常节俭的回乡方式。然而，拼车的背后也暗藏着一堆"陷阱"，甚至会威胁到我们的人身安全，所以我们有必要了解一些拼车返乡的法律知识，保护自己。

例如，有偿拼车是否涉嫌非法营运？这要视具体的情形来定。目前我国法律没有对有偿拼车行为的性质做出明确规定，只能从它的主观目的、表现形式、行驶路线和收取的费用等方面来综合来分析：

第一，有偿拼车的私家车主一般都有正当的职业，并不以运输为职业，而非法营运车辆的车主是以运输为职业的。而且有偿拼车的车主通常是为了节约自己的出行成本、减少碳排放，并不以营利为目的，而非法营运的车主在主观上就是为了收取费用和营利。

第二，有偿拼车的车主，一般都是在其上下班的途中或者去其他地方的途中顺路招揽他人搭乘，目的地通常以私家车主的到达地点为准。而非法营运的车辆，一般都是在固定的时间段到固定的地点等待路人搭乘，目的地由乘客来决定。

第三，有偿拼车的费用一般是只分摊行驶的成本，例如油费、过路费、修理费等，而非法运营的车辆收取的金钱远远高于车辆使用的成本。

知道了以上法律常识，我们在拼车时，收取的他人的费用最好不要超出行驶成本，否则很可能会被视为以营利为目的，构成涉嫌非法营运。

车主与拼车者之间的口头协议，在法律范畴内是具有法律效力的。但若发生争议，口头协议往往因缺乏有力的证据，而导致双方的权益难以被保障。为了防止纠纷的出现，车主与乘客最好签订拼车协议，协议中应该明确的内容有：出行时间、到达时间、人数、路程；成本如何计算，包括油费、过路费、折旧费、维修费、保险费等等；是否投保；是否经过年审、违约责任；发生交通事故，损害如何赔偿等等详细内容。车辆在行使过程中，乘客要监督驾驶员遵守交通规则，不得疲劳驾驶，不得饮酒，不得超载，不得携带易燃易爆和危险物品上车等。

总而言之，为节能减排做贡献，归心似箭的人们选择拼车回乡，与久别的家人团聚，就是最好的春节返乡方式。但是在选择拼车回乡时，也要加强自己的安全意识和法律意识，保障出行安全。

知识竞答

1.春节是我国的传统佳节，高消费是春节的特点之一，其中（ ）是消费高支出之一。

A. 坐高铁返乡　　　　　　　B. 坐飞机返乡

2中国有的少数民族是不过春节的，这也为我国的（ ）节省了一定的资源。

A. 交通　　　　B. 飞机　　　　C. 汽车

3.春节自驾车虽然比较舒适，但是对于交通方面来说是不利的。（ ）。

A. 不可衡量　　　B. 不对　　　　C. 对的

4.中国人过春节一直以来人们都是比较崇尚于（ ）

A. 回老家过年　　B. 在外过年　　C. 旅游过年

5.春节是我国四大节日之一，也是受到人们重视的节日之一，但是长期以来，（ ）问题一直都是影响环境的因素之一。

A. 交通　　　　B. 吃饭　　　　C. 送礼　　　　D. 红包

6.春节联欢晚会的举办，可以丰富人们的业余生活，人们在外出参加活动时，也应该（ ）出行。

A. 坐商务机　　　　　　　　B. 坐豪华公务车出行

C. 拼车　　　　　　　　　　D. 骑车出行

7.下面有关过春节的活动或事情中，哪一项是低碳的？（ ）

A. 伐树做家具　　B. 拼车　　　　C. 大型灯光展出

答案：

1.B　2.A　3.C　4.A　5.A　6.C　7.B

第五章

低碳绿色休闲生活

休闲娱乐活动能让我们放松身心，释放压力。但是，如果在放松自己的时候增加了地球的负担，就不好了。因此，即使是休闲娱乐，我们也要贯彻"绿色"的环保理念。比如："低碳"的健身房运动，不如去公园跑步；与其乘电梯，不如爬楼梯；与其宅在家里，不如去户外进行球类运动……

佤族

绿色低碳是一种基本生活态度

低碳不仅是一种生活态度，也是一种可持续发展的环保责任。现代化的生活决定了人们不同以前的，全新的消费观念，减少二氧化碳的排放，促进人类文明发展的同时，与环境和谐相处，共同发展。所以，低碳生活是协调环境和社会发展的重要途径。在这样的低碳生活模式下，人们的生活可以逐渐远离一系列环境污染带来的各种困惑。

为什么要选择低碳生活

当今社会，绿色低碳生活越来越受到人们的重视，自觉践行低碳生活已经是现代人的生活追求。究其原因，在于人类的活动给地球造成了巨大的压力，导致了全球变暖、水污染、土地污染、空气污染等多种问题。以全球变暖为例，已经给人类带来了巨大的威胁，主要有以下几点：

1. 全球变暖的直接后果是导致海平面上升。气温升高导致冰川融化，融化的冰川水流入海洋，引起海平面上升，威胁到沿海地区和岛国的安全。目前，全世界共有 3351 座城市低于海平面 10 米，如果全球气温继续升高，这些低海拔城市将会受到不同程度的

小贴士：

环境的好坏关系到每一个人的健康，所以不要以为"低碳""环保"等这些词汇离我们很遥远。只要人人都能养成"低碳"的生活观念和习惯，自然环境自然而然地就会越来越好了。

影响，人均生存的陆地面积将会缩小。

2. 全球气温变暖，地球将会提前进入"冰河世纪"。科学家曾经预言，由于大气污染严重，气温不断上升，冰川融化，海平面上升，将致使洋流中断，最终导致"冰河世纪"提前到来。由于气温升高，冰川融化形成的淡水会直接流入海洋，海洋的含盐量会随之降低，致使洋流失去推动力，不能形成环流。而一旦海洋的热量交换机制失效，就会导致地球温度不稳定，出现极冷和极热的现象。

3. 全球气温变暖将会导致气候变化无常。因气温变暖而导致的干旱、洪水、土地荒漠化、泥石流、海啸、海岛被淹等自然灾害会越来越频繁，越来越严重，人类的家园也会因此而遭到严重破坏。

4. 全球变暖还会引发森林大火，夺去了众多动植物和人类的生命。

所以，为了全球气候的稳定，我们每一个人都应负责任地选择低碳生活，为自己的家园共创美好的将来。

让孩子养成低碳的生活习惯

孩子是家庭的希望、国家的希望，更是我们地球的希望。地球的负载能力是有限的，然而人类并没有真正投入精力去改善地球的环境，致使地球环境加速恶化。我们是时候该好好地自我反省，思考以何种方式来提高保护环境的力度了。当然，我们已经意识到修复地球的紧迫性，这份紧迫之心和责任必须从我们自身做起，从生活中的点滴小事做起。所以，从现在开始，我们要加倍提速地去践行低碳生活，还地球一个希望，还孩子一个未来。

低碳生活其实离我们并不远，不仅我们自己可以做到，还可以教育孩子养成低碳生活的习惯。我们还可以积极推行低碳教育，把低碳生活的理念引进校园，深入到每一个人的思想里。培养孩子低碳的生活观念是我们作为父母的责任，每个父母都应该认真履行，使孩子成为低碳生活的使者。

低碳是一种生活态度

一些人认为，低碳生活不就是把我们的生存环境保护好吗？这些专业工作应该由专业的人士去做，与我们非专业人员没有关系，因为我们也不懂得这些专业的学术问题。其实，这种认识是错误的，因为低碳生活并不是个人或全体自有的能力，而是一种应该有的生活态度。

虽然我们不太可能过上绝对的"零碳生活"，但是只要拥有低碳的生活态度，我们就会有足够大的力量去实现低碳目标。例如，一件衣服对环境的污染，单从水资源来讲，可以污染1万升水，所以，即使只是少购入一件衣服，对环境的保护作用也是不容忽视的。

低碳是一种生活态度，只要有了这种态度，我们在生活中就能比较自觉地做好环境保护工作了。学习理论证明，每一个人的行为发生的次数或者是行动结果的高低，都与人的认知息息相关，如果一个人真正树立起了低碳环保的生活理念，那么他在生活中就会更加自觉地在这方面有更多、更好的行为发生。生活中不缺乏节约，而是缺乏发现节约能力的人，低碳生活不是一种强迫性的"能力"，而是一种每个人都应该有的"生活态度"。

知识竞答

1.2012 年的世界环境日主题是（　　）。

A.绿色经济，你参与了吗？

B.营造绿色城市，呵护地球家园

C.转变传统观念，推行低碳经济

2 判断排污者是否应当承担民事责任的依据是（　　）。

A.环保基础标准　　　B.环境质量标准　　　C.污染物排放标准

3.下面哪项不属于煤烟型大气污染引起的（　　）

A.烟尘　　　　　　　B.粉尘　　　　　　　C.二氧化硫

4.下面哪项可以被称为感觉性公害（　　）

A.大气污染　　　　　B.水污染　　　　　　C.噪声污染

5.环境保护中草地的作用是什么？（　　）

A.吸收二氧化碳产生的氧气　　　　　　B.吸收空气中是香气

6.保护水资源，应该使用（　　）洗衣粉。

A.普通　　　　　　　B.无磷

7.国家环保举报热线电话是（　　）。

A.12369　　　　　　B.12365　　　　　　C.12345

8.“工业三废”指的是（　　）。

A.废水、废料　　　　　　　　　B.废水、废气、废渣

答案：

1.A　2.C　3.B　4.C　5.A　6.B　7.A　8.B

健身活动的碳排放

现代女性都喜欢拥有健康的身体、苗条的身形，男士都喜欢拥有大块肌肉的健美身体。为了拥有理想的身材，他们常常去健身，有的人动不动就去健身房，但这样做除了花钱，更多的是会增加碳的排放。

漫步绿荫中，胜过跑步机

跑步是有氧运动的重要方式，被誉为"锻炼之王"。近年来，随着公共服务的普及，人们的生活范围不断扩大，例如有的人就喜欢在节假日到健身房去锻炼身体，到跑步机上跑步，让自己减掉多余的脂肪。

经常在跑步机上健身，固然可以让自己的身材变美，但是这种健身方式会给环境带来很多负担。跑步机的生产本身就需要耗费很多资源能源，它在工作工程中也会消耗能源，同时排放污染物。研究表明，假如我们将跑步机上锻炼的 45 分钟改到去公园里慢跑，那么至少可以减少 1 千克二氧化碳的排放。再比如，某人将每天到跑步机上跑步的 45 分钟都转移到了户外进行，那么一年下来，此人就可以减少 365 万吨二氧化碳的排放。

许多人为了赶时髦，纷纷到

> **小贴士：**
>
> 健身活动的种类有很多，如快步走、慢跑、骑自行车、游泳、上下楼梯、步行、划船、健身舞蹈以及形式多样的球类活动等，我们可以根据年龄、身体状况和喜好来选择适合自己的低碳环保的健身项目。

健身房去跑步，认为健身房才是真正起到健身作用的地方，其实这是一种错误的认知。我们可以想想，哪里才是最大的氧气制造所呢？当然是森林里和公园里，健身房的房间里全是冷冰冰的铁器，哪里来的制造氧气的源头？如果我们把健身的场所从健身房转移到绿草茵茵的森林里，那么不仅可以呼吸到新鲜的空气，还可以欣赏到美丽的户外景色，陶冶情操，缓解压力。

骑车健身，轻松又愉悦

在二十世纪七八十年代，很多中国人都梦想拥有一辆自行车。当时的人们都以骑自行车为骄傲，大街小巷里只要是车，基本上就是自行车，而小轿车只是"万花丛"中的点缀，并不起眼。到了九十年代，人们开始把目光投向了小轿车，认为拥有小轿车才是财富的象征。所以人们开始西装革履，开着小轿车去上班，自行车的光辉就慢慢地褪去了。到了现代，由于汽车工业带来的污染让人们深受其害，所以人们又开始回归到那个淳朴的年代，崇尚自然的生活，如骑自行健身。

骑自行车出行或者锻炼身体，成了现在众多国家的潮流。德国联邦统计局的数据表明，在德国，每1000名居民就拥有814辆自行车，38%的人每天骑着自行车上班。此外，德国政府研制了专供自行车使用的"自行车高速公路"，在这样的高速公路上骑车，最高时速可达50千米。骑自行车之所以这样被推崇，是因为它不仅环保，而且对人体健康大有好处。比如，常骑自行车可以预防大脑血管老化，防止冠状动脉粥样硬化，还可以使人体下肢膝关节、髋关节等得到很好的锻炼。

爬楼健身，健身又省电

有的人上下班常常选择乘坐电梯，既省时间又省力，下班后又去健身房健身，其实这真是一种得不偿失的做法。研究表明，爬楼梯运动对我们有多方面的益处：

第一，常爬楼梯有助于保持骨关节的灵活性，避免僵化，增加韧带和肌肉的力量。有人对身体条件基本相同、年龄为 56 岁的各 26 人进行研究，对这些人跟踪 8 年后，发现始终坚持爬楼运动的 26 人无一人发生腿关节疾病，而且肌肉非常发达，走路很有力量；另外 26 个没有参加爬楼锻炼的人中，则有 12 人感到脚部发凉、麻木、腿软无力，还有 14 个人患上了关节炎相关的疾病。

第二，经常爬楼有利于增强心肺功能，使血液循环畅通，降低患心脑血管疾病的概率。

第三，有利于消耗多余的脂肪，达到减肥的效果。

第四，有助于增强消化系统的功能。

第五，有利于睡眠质量的提高。

爬楼运动好处多多，建议朋友们多多爬楼健身。

健身可以使我们的身体更加健康，但是我们在让身体变得健康的同时，也不要忘了不要给环境制造压力，请尽量选择低碳环保的健身方式锻炼身体吧！

知识竞答

1. 如何健身更环保（　　）。

A. 骑自行车，边锻炼边欣赏沿途的风景

B. 到健身活动中心使用各种健身器材进行锻炼

2 下面哪种健身方式是低碳的（　　）。

A. 户外健步跑　　B. 使用跑步机跑步　C. 穿着昂贵的运动服装健身

3. 健身要选择（　　）健身器材。

A. 普通的健身器材　　　B. 高档的

4. 在夏天，健身活动中心需要（　　）。

A. 开空调　　　　B. 延长开门、开窗的时间，缩短开空调的时间

5. 室内健身与室外健身有什么不同？（　　）

A 室内健身更有益于身体健康和保护环境

B. 室外健身既环保又健康

C. 室外健身应尽量选择空气质量好的场所

6. 哪些健身方式既低碳又省钱？（　　）

A. 经常爬楼健身　　　　B. 骑自行车健身

7. 鼓励低碳健身的宗旨是（　　）。

A. 减少碳的排放　　　　　B. 激励人们从小事做起

8. "全民健身日"的具体日期是每年的（　　）。

A.1 月 8 日　　　B.6 月 8 日　　　C.8 月 8 日　　　D.10 月 8 日

9. 要想做到健身活动中减少碳的排放量，就要（　　）。

A. 尽量到户外去健身　　B. 不要购买健身器材　　　C. 两项都对

答案：

1.A　2.A　3.A　4.B　5.C　6.A　7.A　8.C　9.C

散步、跑步、快走

在锻炼身体时，我们不妨选择一些简单的健身方式来减少碳排放。比如，我们可以选择散步、跑步或快走，这些健身方式都非常简单和便捷，随时随地都可以进行。但是，我们在做这些运动时，需要科学的指导，以达到健身目标。

散步健身也有技巧

散步健身已经被一些著名的医学健康专家公认为 21 世纪的养生新概念。那么，散步需要注意哪些方面呢？

散步是一种可以降脂、减肥、预防心脑血管疾病的运动方式，但每次散步的时间应不少于 40 分钟，否则将达不到消耗脂肪和降低血脂的效果。另外，散步的速度也有要求。美国哈佛大学的研究表明放慢节奏地散步对降低心脏病的发病几率几乎起不到什么作用，只有快速走才能降低发病危险。什么样的走才是快走？答案是 1 个小时走 6000 步或每分钟步行 90—120 米。而且，每周散步不少于 4 次才更有益。散步的正确姿势是将腰部重心置于所踏出的脚步上的方式来步行，同时走路还应积极使用全身的肌肉，像"赶路"一样。

小贴士：

平时不怎么爱运动的人，如果想要改变生活方式，变成"健身达人"，建议不要急于求成，而是应该循序渐进，逐步增加运动时间和强度，以防肌肉拉伤。

跑步时应该如何保护膝盖

首先，跑步的姿势要正确。常常有人因为跑步而伤害了膝盖，其实这是跑步姿势不正确导致的。因此，选择正确的跑步姿势就很重要了。正确的跑步姿势，不仅能够帮助我们达到锻炼的目的，还可以避免因运动不当而导致的膝关节受伤。

其次，穿合脚、舒适的鞋子。选择合脚的运动鞋或者跑步鞋来作为跑步用的鞋子，因为这样的鞋子柔韧度好，舒适透气，便与运动。

最后，跑步要适量。刚开始跑的时候只需2、3千米即可，后面才可以可慢慢增加，但是每天不能超过 10 千米，否则会加速膝盖磨损，而且也不是每天都需要跑步，每周三到五天就可以了，这样可以让膝盖得以休息，同时还要及时增加营养。

小贴士：

当气温超过 30℃时，最好不要运动。因为在高温天气下进行剧烈运动，会导致体内 30% 的水分蒸发，从而使身体正常机能受到影响。如果一定要在高温天气下运动，可以选择中低等强度的水上活动，例如水上瑜伽、水上体操和游泳。

如何快走才是合理的

快走的前五分钟，应该以缓慢的步伐帮助自己热身，然后试着维持稍快的小步伐走 20—30 分钟。运动时，为血液及肌肉提供足够的氧来帮助燃烧脂肪是很重要的。所以，快走要以不会喘的节奏来进行。快走时要注意抬头、挺胸、收腹、肩膀自然放松；身体直立，双脚分开比肩膀微宽，两只手向后交叉握起，背部挺直，不要弯曲，深呼吸 5—10 次。

无论运动的强度大小，人在运动时，身体最先消耗的能量物质是糖，脂肪消耗较少。只有步行的距离足够长，脂肪的消耗才足够明显。人在快走大约 20 分钟后，就会正式燃烧脂肪。

在日常生活中，科学地散步、跑步、快走都可以使我们得到锻炼，这些简单的锻炼方式因不借助健身器材而更加环保、健康。

知识竞答

1. 如何践行低碳生活（ ）。

A. 减少购买商品的次数　　　　B. 看见喜欢的衣服就买

2. 低碳生活还要做到（ ）。

A. 经常近距离旅游　　　　B. 在家里看书、看电视

C. 开车时打开车窗

3. 去当地农民自营的菜市场买菜可以减少种植和运送时所需的能量的（ ）

A. 五分之三　　　　B. 三分之一

C 五分之一　　　　D. 五分之二

4. 以下哪种生活习惯是符合节约资源的习惯?

A. 晨练　　　B. 低碳　　　C 读书　　　　D. 理财

5. 从低碳的角度看，骑自行车出行有（ ）优点。

A. 自由、轻松　　　　B. 不担心迟到

C. 随意　　　　D. 不担心油涨价，不担心体重增加

6. 出门游玩应该（ ）。

A. 带上电子产品出去看电影。

B. 不带电子产品，只欣赏路上的美景。

C. 带上各种服装，画漂亮的妆去拍照。

答案：

1.A　2.A　3.B　4.B　5.C　6.B

多种球类运动可选择

球类运动有很多，有篮球、足球、手球、网球、羽毛球、乒乓球、曲棍球等，每个人可以根据自己的情况来选择适合自己的球类运动，例如，经常踢足球可以控制体重、预防心脑血管疾病、降低糖尿病的发病率、提高消化系统的功能。

球类运动对小孩的好处

小孩子对球类运动的喜爱可以说是与生俱来的，如果我们给孩子一个球，他会本能地去接住这个球，然后用小脚去踢或者小手去弹。其实，球类运动对于孩子来说是非常符合他们的生理和心理特点的，而且球类运动对孩子的身心发展非常好。那么，球类运动对孩子的身心发展具体有哪些好处呢？

首先，球类运动可以促进孩子运动协调能力的发展。当孩子在玩球的时候，做跑、跳、拍等动作时，这些动作也是可以帮助他们发展运动协调技能的。

其次，球类运动还可以帮助孩子提高眼手的协调能力。球类运动包含各种各

小贴士：

球类运动种类繁多，一般情况下人们都喜欢足球、排球、篮球等，不同的球类运动，其技术动作也不同，如果想学习球类运动，可以分类别地去学习。

样的玩法，有踢球、接球、运球、排球等等，每一种玩法都帮助孩子锻炼全身的部位。最主要的是球类运动可以提高孩子的眼、手协调能力，促进大脑发育。

再次，球类运动可以锻炼孩子的判断能力。要想玩好球类运动，就要学会判断球的运动方向，并快速做出反应。经过这样多次反复地练习，能够极大地提高孩子的判断能力。

最后，球类运动可以锻炼孩子的协作精神。球类运动一般都需要多人参与，这就要求孩子学会和同伴沟通合作。如果遇到小组比赛，则更需要孩子们发扬合作精神，这样才能打出好成绩。

四种健身球的玩法

健身球是人们喜爱的球类运动之一，要想把健身球练好，首先应该清楚健身球都有几种玩法？

1. 健身球仰卧起坐。做健身球的仰卧起坐要比做普通的仰卧起坐难度大，因为健身球自身的流动性会使我们的肌肉工作压力变大。具体玩法是：人卧于健身球上，双足平置地面，两膝盖自然弯曲，双手自然放置在脑后，然后调整姿势慢慢地调动身体核心部位的肌肉力量向上抬起，变成坐姿，最后再使身体缓慢地回到刚开始时候的位置，然后开始重复上面的动作。

2. 平板肘撑。具体做法是：双脚交叠，双膝跪地，双手相握，与两只肘关节形成三角形的样子，让重心处在健身球上，使身体保持平稳。背部要保持平直，大腿要与地面形成 40——50 度的角，自己能感觉到腹部肌肉收紧中，这时除了保持身体的稳定性外，还要将小腿交替抬起来。

3. 健身球收腹。以做俯卧撑的姿势开始，把双腿并拢，然后把胫骨放在健身球上，注意要保持头部、背部、双脚和臀部都在一条直线上，这时，慢慢地收腹屈膝，让膝盖尽量与胸部贴合，保持这样的姿势 5 秒钟左右，然后再向后伸展平。在做的过程中要保持后背挺直。

那么，玩健身球有哪些好处呢？

1. 可以纠正不良的坐姿。当我们坐在健身球上的时候，身体并不是完全放松的，而是背部、臀部等很多部位都在不断地做细微的调整来适应身体的平衡状态，所有的细微变化和调节都是有利于腰椎间盘的血液循环的。

2. 健身球还有很强的趣味性。平时的仰卧起坐、跑步等运动，都只能通过长时间的来回重复这几个简单的动作来达到消耗人体热量，这也让人容易失去吸引力。然而健身球就不一样了，健身球改变了以往运动的模式化的玩法，让练习者与富有节奏感的音乐一起练习，与健身球一起玩耍，让整个过程极富娱乐性。

3. 健身球还具有按摩作用。健身球由柔软的 PVC 材料制成，人体与它接触时，健身球的表面会很均匀地与人体接触，达到按摩人体的目的，这就是健身球具有的按摩作用，按摩可以促进人体血液更好地循环。

知识竞答

1.不当运动后会感到头晕、恶心、胸闷、食欲不振、睡眠不好，特别会产生（　）运动的感觉。

A. 喜欢　　　　　B. 厌恶　　　　　　　　C. 快乐

2 静止性休息更适合于消除全身（　）导致的整体性疲劳症状。

A. 消耗　　　　　B. 运动　　　　　　C. 疼痛　　　　D. 舒适

3. 进行跑步锻炼时，应注意调整速度，正确的做法是（　）

A. 快—慢—快　　　　　　　　　　B. 慢—快—慢

4. 多种球类运动可以让身体的锻炼得到（　）。

A. 全面的锻炼　　　　　　　　　　B. 高水平的锻炼

5. 周末选择打篮球可以（　）

A. 丰富业余生活　　B. 增进与球友的感情　　　C. 都对

6. 国民体质监测应该把（　）纳入监测范围。

A. 所有的运动项目　　　　　　　　B. 球类

7. 小明在打球运动中遇到肌肉拉伤的情况，应该立即采取下列哪种方法?（　）

A. 在伤处敷冰块　　　　　　　B. 在伤处敷热毛巾

C. 用手掌揉搓　　　　　　　　D. 涂红药水

答案:

1.B　2.B　3.B　4.A　5.C　6.B　7.A

爬爬楼梯更健康

研究证明，爬楼梯有助于人体多个部位的健康。不常运动的人应有计划地爬楼梯，锻炼身体，这样可以有效利用自己的闲暇时间，还可以少排放一些二氧化碳。常爬楼梯是一种很好的休闲运动，不需要花一分钱，还有多种益处，让我们行动起来吧。

只要方法对，爬楼梯不伤膝盖

无需借助复杂的器具，爬楼梯的运动目标就可以轻而易举地达到。有些人爬楼梯后，感到大腿、膝盖疼痛，于是形成了一个认知——爬楼梯伤膝盖。其实。只要运动方法正确，爬楼梯对健康就大有与益处。那么，爬楼梯引发膝盖疼痛的原因有很多，主要有以下几个：

1. 如果重心过早前移，就会导致髌骨和股骨之间的压力变大。因为人在伸膝时，膝关节的屈曲角度也大，这样容易造成膝关节损伤。

2. 有些人爬楼梯时，习惯只用前脚掌着地，这相当于小腿远端不完全固定，容易造成伸膝伸髋的效率下降，间接导致踝关节损伤。

小贴士：

爬楼梯运动不限制时间也不限年龄，只要是在有楼梯的地方，就可以进行这项活动，非常简单方便。但是，爬楼梯也需要一定的方法，注意了解这种方法后，相信你在爬楼梯运动中一定能收到良好的效果。

3. 有些人有走"八字步"的习惯，这样容易导致下肢的生理力线不正，髌骨在股骨上滑动的轨迹直接受到影响，关节损伤就不可避免了。

知道了造成膝关节损伤的原理后，我们就可以有意识地避开误区，采用更健康的方法爬楼梯：建议上楼梯时，背部要尽可能挺直，不要让重心过早前移，膝关节弯曲的角度要尽量减小；脚掌全都要接触地面，这样脚掌与地面接触面大，比较稳固；下楼时，为了减少膝关节承受的压力，前脚掌要先着地，然后过渡到全脚掌着地。此外，爬楼梯结束后，应适当地对膝关节进行局部按摩。

白领们爬爬楼梯更健康

白领们由于工作性质，需要久坐在办公室，这样很不利于身体健康，如腰酸、颈椎酸痛、腰椎反应速度减慢等。因此，白领们更需要经常做运动，才能保持健康。白领们说，我们每天的工作都特别忙，哪有时间去运动呢？其实，运动并没有想象中的那样复杂，只要简单地爬爬楼梯，就可以很好地改善健康问题。

爬楼运动在国外是非常兴盛的，比如，美国爬楼梯运动在 1968 年就兴起了，当时美国著名的生理学家通过研究，表明爬楼梯对人体生理机能有非常好的作用，于是美国就开始倡导国民通过爬楼梯来健身。

有研究数据显示：每天爬 5 层楼梯的人，心脏的发病率要比乘电梯的人少 25%；每日登 700 多级楼梯（大约相当于上下 6 层楼 3 次）所消耗的热量大约是 2000 卡路里；爬楼梯的能量消耗是静坐的 10 倍，是打乒乓球的 1.3 倍，是散步的 3 倍。

但是，爬楼健身要遵守"循序渐进"的原则，切忌操之过急。爬楼梯要以慢慢地蹬最好，一秒钟一个台阶，速度要均匀，步伐要稳健有力，这样可以增强腰背肌肉的力量和下肢肌肉韧带的活动能力。爬楼梯对膝盖有一定的影响，建议人们每次爬楼梯的时间以 10—20 分钟为宜，爬楼梯以不感到明显吃力为佳。

想让大脑更年轻就多爬爬楼梯

爬楼梯是一项经济实惠的有氧运动，不仅可以锻炼心肺功能，还可以使腿部肌肉得到很好地锻炼。爬楼梯还有很多益处，一项新研究表明：爬楼梯还会促进大脑健康。这项最新的研究发表在《衰老神经生物学》期刊上，认为经常爬楼梯加上接受更长时间的校园教育，会使得大脑在生理机能上表现得更年轻。科学研究人员发现，人们接受教育每多一年，大脑的年龄便会减少 0.95 年；在一年当中每天增加爬一层楼，大脑年龄可减少 0.58 年。

这项研究表明，教育和体育运动会直接影响生理年龄和实际年龄，人们确实可以通过某些方式使大脑保持年轻和活力。对老年人来说，爬楼梯可以有效延缓大脑的衰老进程，所以，专家建议老年人要经常爬楼梯，以促进大脑健康，预防老年痴呆疾病。

总之，爬楼梯是一项很简单的活动，对所有人都适用。爬楼梯不仅能使我们的身体更加健康，还可以使我们的大脑保持年轻，同时不会污染环境，实在是一举三得。

知识竞答

1. 下面属于健康生活方式的是（　　）。

A. 适当爬楼　　　B. 吸烟　　　　C. 多吃

2 关于运动的好处，说法正确的是（　　）。

A. 有助于保持健康的体重　　　　B. 减少消费

3. 以下哪一项属于有氧运动（　　）。

A. 爬楼梯　　　B. 看电视　　　C. 看书

4. 上下楼梯应该靠（　　）走。

A. 左边　　　　B. 右边　　　　C. 中间　　　　D. 随便怎么走

5. 下面爬楼梯的方式中，哪一种是对的？（　　）

A. 不要长时间爬楼梯，要循序渐渐，一次不要爬太长时间。

B. 为了减肥，每天高强度地爬楼梯。

C. 为了得到充分地锻炼，边爬楼梯边做各种动作。

答案：

1.A　2.A　3.A　4.B　5.A

低碳休闲娱乐方式

为了丰富休闲生活，国家倡导低碳旅游新方式，如通过旅游参观山水生态、历史人文、乡野民俗等景点，让自己扩大眼界，增长见识。

打"补碳飞的"

旅游"碳足迹"，指的是在旅行生活中的"碳"排放量。出远门旅行时，很多人会选择乘坐飞机，但飞机是碳排放量很高的一种交通工具，下面用数据进行说明：

200千米以内短途旅行的二氧化碳的排放量（千克）＝飞行千米数×0.275；

200千米—1000千米中途旅行二氧化碳的排放量（千克）＝55+0.105×（飞行千米数—200）；

1000千米以上长途旅行的二氧化碳排放量（千克）＝飞行千米数×0.139。

如果按照冷杉30年可吸收111千克二氧化碳来计算的，乘坐一次飞机需要种几棵树来补偿呢？假如乘坐飞机旅行2000千米，就会产生278千克二氧化碳，需要种3棵树才能抵消。如果不想通过种树的方式来补偿，那么可以根据国际惯例，按照一般碳汇价格水平，每排放一吨二氧化碳需要补偿10美元，这部分钱可以用来请别人去种树。

"低碳旅行"从我做起

在旅行之前，我们需要做好规划，让旅行更环保。比如，可以预订一个距离目标景点比较近的旅馆，或者选择一个公共交通便利的地区作为旅游目的地等。

当然，旅行时一定要少带行李，让自己轻松上阵。我们还可以：选择太阳能背包，旅行中可以快速方便地给自己随身携带的设备充电；穿戴全棉服饰；带一个可以重复使用和清洗的帆布购物袋和一套简易餐具等。此外，旅行途中要自觉保护当地环境，不给当地环境带来不必要的垃圾。

低碳——乡村旅游好方式

提到乡村，大多数人会想到山清水秀、柳绿花红……城市里难得一见的自然美景，是乡村旅游吸引游客的重要因素之一。

现在很流行农庄和农家乐，很多小餐馆都有自己的农庄，客人吃的蔬菜基本上都是农庄自己种的，这些蔬菜新鲜、营养丰富、口感好，价格也不高。餐馆里的蔬菜、水果在不同的季节有不同的种类。餐馆的这种经营理念，在很大程度上减少了二氧化碳的排放。

去附近乡村旅游，不去远地区旅游，是一种低碳旅游方式，我们应该学习这种绿色旅游方式，让自己置身于乡村清新、自然的环境里，相信这样的生活一定是未来很多人所向往的。

低碳休闲娱乐是一种怡人心情的娱乐方式，有利于人的身心健康，更有利于减少二氧化碳的排放，让我们都重视这种休闲娱乐，给自己的心灵植入桃花源般的生活观念。

> **小贴士：**
>
> 著名学者林辉首次把低碳的含义展开解释为：低碳社会、低碳消费、低碳生产、低碳家庭、低碳生活等低碳生存主义。

知识竞答

1. 下面哪一项是低碳休闲方式（　　）。

A. 前往欧洲国家旅行　　　　　　B. 前往乡村住几天

C. 经常在家不出门

2 低碳休闲中的"碳"是指（　　）。

A. 单质　　　　　B. 分子　　　　　C. 原子　　　　　D. 元素

3. 下面哪一项属于低碳休闲的交通方式？（　　）

A. 骑自行车去附近观光游览　　　B. 坐缆车上山

C. 坐观光车游览　　　　　　　　D. 步行游览

4. 倡导低碳出行方式，应（　　）乘坐公交车，（　　）开私家车。

A. 少，多　　　　B. 多，少　　　　C. 多，多　　　　D. 不，不

5. 节假日在家要低碳饮食，下面哪一项不属于低碳饮食？（　　）

A. 尽量喝袋装茶　　　　　　　　B. 自制饮料

C. 多吃蔬果少吃肉　　　　　　　D. 尽量喝散装茶

6. 春节，我们倡导（　　）粮食浪费，减少畜产品浪费和（　　）饮酒。

A. 增加，减少　　　　　　　　B. 减少，适量

C. 减少，杜绝　　　　　　　　D. 减少，增加

答案：

1.B　2.D　3.D　4.B　5.A　6.B

第六章

旅行也能绿色游

随着生活水平的提高，越来越多的人选择在假期出游。旅游可以开拓视野、带动经济增长，其好处是不言而喻的。但是，旅游也会增加环境的负担，因此，绿色旅游、低碳旅游就显得尤为重要了。

维吾尔族

不可不知的低碳旅游

过去人们在旅游中以高消费、高耗能为主，认为这种高碳的旅行方式才是真正的旅行。但是社会发展到了现在，科技已经达到相当高的水平，随之带来的高污染也是不可避免的，各行各业在耗费着社会资源和自然环境资源。如何减少这种资源浪费呢？那就需要我们在生活中尽量减少污染，比如践行低碳旅游。

什么是低碳旅游

低碳旅游是一种降低碳排放的旅游方式，也就是在整个旅游活动中，旅游者尽可能降低二氧化碳的排放量，以低能耗、低污染为基础的绿色旅游。绿色低碳旅游需要政府和旅游行业互相合作，共同推出环保低碳的政策法规和低碳的旅行路线，以给个人的出行，和旅行者携带环保行李、住环保旅馆、乘坐低碳交通工具。

低污染、低能耗的"低碳旅游"概念已经被许多游客所接受。未来的低碳旅游可以打败"腐败奢华游"，从时尚旅游概念转变为主流的旅游方式。低碳旅行可以起到保护旅游景点的自然和人文环境，例如，可以保护野生动植物和其他资源；尊重当地的人文

小贴士：

旅游的时候可以选择碳排放量小的交通工具，交通工具的碳排放量，由小到大依次为：徒步＜自行车＜电动车＜火车（地铁）＜轮船＜大巴＜小汽车＜飞机。

观念和生活方式。低碳旅游方式将旅游活动中产生的二氧化碳控制在合理的水平，使旅游既能保护环境，保护人的身心健康。

营造低碳旅游吸引物

什么是低碳旅游吸引物呢？低碳旅游吸引物是指一切物质的、非物质的、有形的、无形的、自然的、人工的，可以用来吸引旅游者的旅游要素，这些要素包括森林、湿地、海洋等等自然旅游资源，同时也包括低碳建筑、低碳产业示范园区等人造低碳景观，和形式多样的低碳旅游产品，比如，康体活动等。那么，我们应该如何打造低碳旅游吸引物呢？

1. 策划低耗损、低耗能的旅游产品。

2. 科学、合理开发旅游资源，比如可以建设国家湿地公园、国家森林公园等。

3. 将低碳乡村、低碳街区、低碳港区等进行包装，转化成低碳旅游吸引物。

配置低碳旅游设施

低碳旅游设施是在低碳技术的基础上改造或者直接使用低碳产品所建造的，用来供旅游接待服务的一切基础和专门设施。低碳旅游基础设施包括低碳能源供应设施、低碳道路交通设施等。低碳旅游专门服务设施包括低碳旅游住宿餐饮设施、低碳旅游购物设施等。配置低碳旅游设施的具体做法是：通过使用新型能源车、电瓶车等低碳旅游交通工具来发展低碳旅游的交通设施；建设低碳旅游建筑物、购物、餐饮、娱乐设施；利用太阳能、水能等可更新能源技术来建设新型的低碳旅游能源供应体系。建设生态垃圾桶，发展低碳旅游环境卫生的基础设施。

生态文明随着低碳技术的日益成熟而不断普及，必定将在社会的众多领域广泛渗透。无论是在现在还是在将来，都是最经济、最环保的旅游方式。

知识竞答

1.如果我们把空调设置成除湿模式，即使室温稍高也能让人感到凉爽，但比制冷模式（　）

A.省电　　　　B.费电　　　　C.复杂　　　　D.简单

2.低碳旅游要做到（　）。

A.景点低碳、出行低碳、居住低碳

B.吃山珍海味

3.以下哪种是低碳旅游的做法？（　）

A.上山砍伐藤条来制作爬山用的拐杖

B.将垃圾随意丢弃在景区

C.步行到景区后喂鸟

4.低碳旅游的方式有多种，下面哪一项是低碳旅游？（　）

A.通过旅行社预订酒店　　　　B.自己从网上预订酒店

5.在旅游时，（　）更低碳。

A.参观自然景观　　　　B.参观人造景观

C.吃景区制作的美食

6.低碳旅游的服务人员要（　）。

A.引导游客多参观自费项目　　　　B.引导游客多吃当地美食

C.引导游客节制消费

答案：

1.A　2.A　3.C　4.B　5.A　6.C

绿色低碳出行新方式

我们每天都要出门，并且常常需要借助交通工具才能到达目的地。全国人口那么多，每人出行一次都会给环境带来一定的污染。反过来说，如果每个人都有意识地选择低碳出行，就相当于是给环境"减负"。

下雨天行车如何做可以省油

汽车是生活中的高消耗物品，因为汽车自身价格高，往往在后续的使用保养上价格也很高。在日常驾驶中，如果遇到天气恶劣就更费油了。那么，如何避免增加油耗呢？我们也是有很多方法的：

第一，在本来就很滑的道路上行驶时，一定要低速运行，否则容易导致汽车发生侧滑，给人的生命安全构成威胁。另一方面，高速行驶会使车胎空转，耗油量增加。

第二，顺风行驶时，可以充分借助风力让车辆减速滑行，达到减少耗油的目的。

第三，逆风行驶时，可以用小油门来稳住车速，切不可因为有风就加速行驶，否则会增加耗油量。

第四，下雨天行车，因路面潮湿，高速行驶会使

小贴士：

时速在 60—90 千米时匀速驾驶最省油。急加速比缓加速多耗油 30% 以上。上高速开窗比开空调还要耗油。频繁变道比直线行驶多耗油约 12%。

车身不稳，行车人的安全没有保障。

正确保养引擎可以更省油

引擎指的是汽车的发动机，它好比汽车的心脏，所以引擎对一辆车来说非常重要，一定要好好保护它，有问题时也一定要及时修好它。如果我们能够提高发动机的启动性和动力性，就可以直接或间接地达到省油的目的。比如，我们可以给发动机进行定期保养，包括常规保养和深度保养。常规保养有清洁、检查、紧固、调整、润滑等。

清洁是为了保持机械不老化，减轻零部件磨损和降低燃油消耗。

检查指的是对机器的各部位进行检查，以判断零部件是否有变形或损坏，有的话要及时更换。

润滑是为了减少机件间的摩擦力，减轻机件的磨损。

紧固是为了使机件各部位都能够安全可靠地连接，防止因机件松动而导致耗油量增加。

补给是指对燃油、润滑油以及特殊工作液体等进行补充。

通过保养发动机，可以提高发动机的工作性能，降低燃油的消耗，为绿色低碳出行做好准备。

正确保养车身也能省油

为了践行低碳出行，我们有必要对出行工具进行保养，例如保养汽车的车身，达到节约燃油的目的。俗话说，想要延长汽车的使用寿命，"三分靠修理，七分靠维护保养"。按时给汽车进行保养可以减少耗油量，保养的要点有：

1. 定期检查车辆，对车内的机械进行定期保养，有助于降低燃油量。一般说来，车辆每行驶 5000 千米—10000 千米，就要保养一次。

2. 及时补充油、气、水、电，让汽车保持最优的省油状态。

3. 给汽车使用质量好的燃油添加剂。

4. 定期更换空气滤芯及机油过滤网，也能节省不少燃油。如果没有及时更换空气滤芯，会导致进气不畅，进入发动机的新鲜空气变少，燃油不能充分燃烧，从而增加油耗。

5. 定期检查胎压，使胎压保持在最佳状态。任何一个轮胎压力不足，都会缩短此轮胎的使用寿命，使汽车的总耗油量增加。

小贴士：

引擎在低温环境下运转，比温度升高后运转更加耗油，所以在刚启动汽车时不要马上提速，而是应该慢行几分钟，等引擎的温度升高后再加速。

磨刀不误砍柴工，做好车身的保养工作，能让车保持常新的状态，安全又省油。

知识竞答

1.下面属于低碳出行的是（   ）。

A.乘坐电动自行车出行　　　　B.乘坐电动汽车出行

C.乘坐公交车出行

2（   ），才是低碳的出行方式。

A.近距离的路途就步行上下班　B.近距离就乘坐地铁

C.拼车去附近的公司上班

3.不得不开车上班时，要做到（   ）。

A.在安全范围内匀速行驶　　　B.为了赶时间，加快行驶速度

4.出行时开车，应该（   ）。

A.每天开，经常做保养　　　　B.隔几天开一次车

5.低碳出行方式多，下面可以选择的是（   ）。

A.几天开一次车，步行几天　　B.与朋友乘坐同一辆车去上班

6.自己的车子要如何做才能节能?（   ）

A.更换老化的部件，保持汽车性能正常

B.买高排量的汽车

7.驾驶汽车去一个地方，可以（   ）。

A.路上多拉一些人　　　　　　B.减少重量，只坐司机一个人

8.汽车加油时（   ）。

A.应该加满超过标准线的汽油　B.加的油刚好

答案:

1.A 2.A 3A 4B 5.A 6.A 7.A 8.B

汽车的环保与安全

现在公路上行驶的汽车每天都在增加，给环境带来的污染不可小觑，全球很大一部分的环境污染就是汽车造成的。所以，要想环境好，汽车环保不可少；要想环境安全，汽车安全势在必行。

汽车对环境污染的种类有哪些

第一，废弃物污染。如废轮胎、塑料、玻璃、废蓄电池、废润滑油等，这些垃圾不仅会污染地面，还会污染地下水，给环境造成严重污染。

第二，噪声污染。汽车带来的噪音是城市环境噪声污染的主要组成部分，占城市噪声污染的75%左右。汽车噪声主要来自运行的机动车辆的尾气噪声、轮胎噪声、喇叭噪声、发动机噪声、车体振动、传动系统噪声等。高于70分贝的噪声会使人情绪不安、烦躁、疲倦，甚至还会引发头晕、失眠等症状。

第三，排放物污染。汽车发动机排放的污染物主要有碳氢化合物、氮氧化物、一氧化碳微粒物。其中的氮氧化物、碳氢化合物经过阳光的照射后，会在大气中形成光化学烟雾，对人体的呼吸系

小贴士：

为了行车安全，车内前仪表板上最好不要放置吉祥物、香水瓶、硬币等，后车窗上也最好不要放置雨伞、书本等杂物，这些看似不起眼的物体，在车辆高速行驶时会变成危险品，对车内人员的安全构成威胁。

统产生巨大危害；二氧化硫和氮氧化物在大气中可以产生酸雨效应。柴油机排放的污染物主要有氮氧化物和微粒物，这两种物质对人的眼睛和呼吸道都是有害的。

第四，汽车清洗用水会造成水污染。

环保汽车的发展方向

如何解决汽车污染问题已经被人们提上了议程，并且不管是在观念上，还是在技术上，都已经有了可喜的进步。例如，现在提出的环保汽车是指利用新兴的低排放、零排放的科学技术，以消耗最少能源，防止和减少环境污染与破坏的新型环保汽车。环保汽车的设计理念要符合大自然的规律，合理利用自然资源，从而起到保护环境的作用。

纵观现在的汽车，已经不是简单的代步工具了，而是发展成为集无线电科技、GPS 全球定位系统、多媒体、电脑等多种新技术集于一身的综合体。预计在未来的几十年，电池电动车、混合型电动车、燃料型电动车的市场份额将会以稳定的速度在不断地增长，而燃油汽车的市场占有率将会逐年降低，各汽车厂家都会竞相追赶"绿色汽车"的时髦，未来将是绿色环保汽车的时代。

不要在高速公路上超速行驶

我国对汽车在高速公路上行驶的限速为 110—120 千米 / 小时，但是在实际生活中，很多车都超过了这个时速，这样不仅存在安全隐患，还会增加汽车的耗油量，造成环境污染。

事实上，汽车在做匀速直线运动时是最省油的，但是车速要限定为

80—90 千米 / 小时，如果超过了这个数值，耗油量就会大大增加，特别是小排量的汽车。这是因为，汽车在高速行驶的时候，发动机要额外增加喷油量来跟上速度，另外，高速行驶时风的阻力也会增大，这些因素综合在一起，就会大大增加汽车的耗油量了。所以，在高速公路上行驶，要尽量保持匀速，这样不仅省油、环保，而且安全。

知识竞答

1. 汽车在跑长途的过程中最好（　　）。

A. 阴雨天照样出行，不会加大耗油量　　B. 不要在雨天出行

2. 汽车在高速行驶的过程中，应该（　　）。

A. 可以突然减速和加速

B. 为了省油，可以打开车窗乘凉

C. 避免在高速上碾压小石块

3. 从环保的角度，子午线轮胎与其他轮胎比较有何优点（　　）。

A. 改善燃油经济性　　　　　　B. 提高轮胎的使用寿命

C. 提高动力性和平顺性　　　　D. 都有

4. 购买汽车应该买（　　）。

A. 小排量的汽车　　B. 大排量的汽车　　　C. 豪华的汽车

5. 根据《大气污染防治法》的规定，机动车生产、进口企业应当（　　）其生产、进口机动车车型的排放检验信息、污染控制技术信息、污染控制技术信息和有关维修技术信息。

A. 社会公布　　　　　　　　B. 环保部门备案

C. 机动车排放检验机构报告　　D. 交通运输主管部门报告

6. 汽车制造企业大气排放污染物应该依照法律法规和国务院环境保护主管部门的规定设置（　　）。

A. 大气污染物排放口　　　　B. 有效防尘降尘措施

C. 净化装置　　　　　　　　D. 异味和废弃处理装置

答案：

1.B　2.C　3.D　4.A　5.A　6.A

外出旅游选择低碳住宿

外出旅游时，你会选择哪种住宿方式呢？可供我们选择的有很多：星级酒店、风格民宿、小旅馆、快捷酒店……其实，无论住在什么样的地方，最主要的是要低碳环保。

不依赖常规能源的太阳房子

太阳能房屋有诸多功能，例如，它可以利用太阳能取暖、发电、去湿、降温、通风换气等，是一种节能、低碳的住宅。太阳房屋可以节约75%—90%的能源，这种房屋可以做到完全不依赖常规能源，相信这种住宅在不久的将来会以高调的姿态走进大众的视野。目前，欧洲在太阳能房屋技术与运用方面处于领先地位，这些技术主要体现在窗技术、玻璃图层技术、透明隔热材料技术等方面。太阳能房屋的类别主要有两种：

1. 被动式太阳房屋。这种房屋通过对建筑朝向和周围环境的合理布置、内部空间和外部形体的巧妙处理，以及建筑材料和结构的适当选取，在冬天可以取、存储、分布太阳能来解决房屋的采暖问题。

2. 主动式太阳能。这种太阳能房屋由集热器、蓄热器、传热流体、控制系统及适当的辅助能源

小贴士：

虽然我们在日常生活当中不是很容易见到太阳能房子，但是我们可以先认识什么是太阳能房子。这样，当我们外出旅游时，就又多了一种绿色环保新选择。

系统构成，需要热交换器、水泵、风机和电等设备和能源，而且造价高、投资大，设备的利用率低，维修方面的工作量也比较大，所以目前并不普及。

选择配备沼气池的房屋住宿

外出旅游时，可选择的低碳房屋有很多，有沼气池的房屋就是其中之一。沼气是一种便于获得的能源，沼气的发酵原料主要是人和牲畜的粪便，以及农业生产过程中产生的废弃物等。沼气是可再生能源，取之不尽，用之不竭，且用于发酵沼气的原料随处可见，很容易获得。同时，沼气的用途非常广泛，包括做饭、洗澡、烧水、取暖、孵化家禽、灭虫、储存粮食、保鲜食物、消毒、副业加工、发电等。

沼气池可以用于发电，1 立方米沼气可以发电 1.25 度，可以供应载重 3 吨的汽车行驶 2.8 千米，供 1 马力的内燃机工作 2 个小时，相当于 60 瓦—100 瓦的沼气灯照明 6 个小时，或者 0.7 千克汽油和 0.4 千克煤油。假如每个旅游景点都建造一个 8 立方米的沼气池，就可以生产沼气 350 立方米—400 立方米，节约的薪柴相当于 3000 平方米的薪炭林一年的生长量。假如 70% 以上的人都用沼气，森林就可以免遭砍伐了，农民种地产生的秸秆等就可以用来当成家畜的饲料，还可以促进养殖业的发展。

所以，在偌大的中国，很多地区都可以建造沼气池，而且是非常有必要的，有了沼气池就可以更好地改善生态环境，保护森林植被不被破坏，这不仅是对我们这一代人有利，对我们的子孙后代也是有百利而无一弊的。外出旅游，选择低碳环保的有沼气池的房屋住宿，可以为环境带来更多的益处，减少碳的排放。

外出旅游住宿蒙古包成时尚

外出旅游要本着低碳旅游的观念，如果我们去蒙古旅游，蒙古包就是一种很好的低碳住宿方式。蒙古包是富有浓厚民族特色的房屋，外形古朴、纯洁，形状就像是天上的星空，大的可以容纳 20 多人，小的也可以容纳十几个人。蒙古包一般建在水草肥美的地方，它最大的优点就是容易拆装。

没有住过蒙古包的人，都以为夏天住在包得严严实实的蒙古包里会很闷热。其实，空旷的草原上，夏天虽然炎热干燥，但是只要撩起毡房的一个毡角，一阵阵清爽的凉风就会迎面而来，令人心旷神怡。

在旅游活动中要尽量降低二氧化碳的排放量，以低污染、低能耗为基础的方式进行绿色旅行。是否选择低碳旅游，主要取决于人们的态度，只要人们想去做，就能很容易地做到。现今，人们越来越注重环境保护，低碳旅游也被越来越多的人所理解。

知识竞答

1. 出门游览时，选择住哪些房子比较低碳？（ ）

A. 星级酒店　　　　B. 农家乐　　　　C. 四面环山的别墅

2 旅游景点里的房子应该（ ），这样才是低碳的做法。

A. 放置一些洗漱用品　　　　　　B. 不放置洗漱用品，让客人自带

3. 外出旅行时，下面哪种住宿是你喜欢的（ ）。

A. 房子周围种满了花草　　　　　B. 房子前方造了一个人工湖

4. 旅游景区里，低碳房子建设的重点是（ ）。

A. 绿色的规划理念　　　　　　　B. 建好就行

5. 下列符合低碳住宿的是（ ）。

A. 居住在小户型的房子里　　　　B. 居住在大而豪华的房子里

C. 居住在智能化的房子里

6. 低碳房屋的内部应该（ ）。

A. 家用电器齐全　　　　　　　　B. 配置红木家具

C. 配置适当的简约家具

7. 下列哪种房子是环保型的？（ ）

A. 配备太阳能照明的房子　　　　B. 配有古典煤油灯的房子

C. 配有车库的房子

8. 酒店如何做可以节能？（ ）

A. 在楼道里安装声控灯　　　　　B. 在房间里配备中央空调

C. 在浴室里配备大型浴缸

答案：

1.B　2.B　3.A　4.A　5.A　6.C　7.A　8A

低碳旅游的具体体现方式

　　低碳旅游成为了我国新时代社会经济可持续发展的经济战略之一，低碳旅游的体现方式多种多样，主要是人们要转变现有的旅游模式，倡导绿色交通，同时还要丰富旅游内容，增加旅游项目；摈弃旅游中的浪费、提倡清洁、方便、舒适的旅游，提升旅游文化的品牌性；全面引进节能减排的旅游设备等技术，降低能耗，形成全新的旅游低碳经济模式。

旅游中，要多方面减少碳排放

　　在旅游过程中，碳排放最多的是交通，所以我们在旅游时除了要减少食宿等方面的碳排放外，还要重点减少交通方面的碳排放。为了减少交通方面的碳排放，我们出行时候可以选择乘坐电动汽车、混合动力汽车、新能源火车等交通工具，还可以选择在距离不远的情况下步行旅游。如果必须乘坐飞机，我们可以选择早班机或晚班机，因为时间原因，早班机和晚班机的票价比其他黄金时间段的班机价格低。同时乘坐飞机时候，要选择直达的，因为直达可以减少中途停留转机而带来的碳排放量的增加。

　　除了交通，我们还可以减少饮食、购物等方面的碳排放量。旅行中的饮食要选择更多的素食，尽量不要选择动物类食物；要自备水杯，不喝瓶装水；不用一次性餐具；不要每天更换被罩；不要使用酒店的一次性用品等。

　　同时，我们还可以精简自己的行李，只带必备的生活用品就可以了，这样也可以让我们的行李也低碳。比如，我们可以少带一次性塑料制品和干电池等物品，如果一定要携带干电池，那么请不要随意丢弃，而要把废旧的干电池投入固定的电池回收点。

小贴士：

旅行中乘坐公交要尽量减少开窗户的次数，以车速70千米/小时为例，在这个速度下，开窗后的风阻消耗会使每千米的燃油量增加大约1升。

八千米的旅行，乘坐公交最适宜

交通拥堵已经成为大中城市面临的难题，这主要与私家车增量有关。我们知道，香港特别行政区（以下简称香港）是我国道路交通最繁忙的地区之一，常住人口约为700万，而土地面积只有1104平方千米，全区道路总长为2040千米，这条道路上承载着57万辆汽车，平均每1000千米道路就有282辆车行驶，这样的车辆行驶密度是北京的1.8倍。很多人会想，香港这么拥挤的地方，交通一定是每天都拥挤不堪的吧？但事实并非如此，香港交通没有大城市交通拥堵的通病，这一良好的事实主要得益于香港发达的公共交通。

香港公共交通给当地居民带来了巨大的方便，首先是降低了香港交通的运营成本，其次是方便了市民的出行，再次是缓解了交通拥堵的问题，最后还保护了环境。

大城市私家车数量增多，需要停车位也随之增多，公交车停车位就相应减少了，人们乘坐公交车自然就不那么方便了。所以，我们每个人都应尽量乘坐公交出门，政府部门和公交部门也要合理规划交通线路，充分照顾到偏远地区和交通不便的山区的公共交通，并结合地区实际情况，适当增加班次，尤其是夜间班次。

改用骑自行车旅行更环保

旅游是一种休闲消费，很容易让人们认为只要玩得愉快就好了，其他的问题不需要考虑那么多了，这样的观念是很有害的。社会活动越多，造成的环境污染越严重，旅游本来不是生活的刚性需求，但是可以让人们放松身心、开拓视野、陶冶情操，既然旅游能给我们带来诸多好处，我们也要想到给自然环境相应的回馈，这种回馈主要是减少对环境的污染。比如，我们出游的时候，可以随身携带一把小巧的可以折叠的自行车，到了目的地后，我们可以利用它开始一天的自行车游。

自行车旅游可以欣赏到很多你意想不到的美景，只要你稍稍改变一下旅游的思维习惯，改用骑自行车的方式去旅行，就可以充分体验到野外的自然风光。回归大自然的旅游，就是在切实为环境保护做贡献，骑车或是徒步旅行，这两种以人工为动力的旅游方式，是每个人都能选择的最简单、最便捷的低碳旅游方式了。

低碳旅游是一种社会责任，同时也是一种行为习惯，更是一种品德的追求。让我们肩并肩，手拉手，共同呵护我们共有的绿色生态家园。

知识竞答

1.（ ）是政府在自然资源和生态资源保护以及社会可持续发展方面应承担的义务和职责。

A. 生态责任　　　B. 发展观　　　C. 监督　　　D. 追究制度

2 低碳旅游的发展方向是（ ）。

A. 节能减排　　　　　　　　B. 随意游览

3. 低碳旅游需要（ ）。

A. 景区低碳　　　B. 交通低碳　　C. 居住低碳　　D. 都是对的

4. 低碳旅游要做到最好，应该（ ）。

A. 在整个旅游行业系统做好低碳的旅游细节

B. 在景点设置电梯等设备

5. 低碳旅游除了景点要低碳，还有（ ）。

A. 技术要低碳　　　　　　　　B. 排污不需要低碳

6. 践行低碳旅游要（ ）。

A. 戒除以高耗能为代价的"便利"消费嗜好

B. 穿皮衣服

7. 旅游经济要循环发展，关键在于（ ）。

A. 政府要追求循环经济的资源、环境等社会效益目标。

B. 居民要追求循环经济的资源、环境等社会效益目标。

答案：

1.A　2.A　3.D　4.A　5.A　6.A　7.A

国内的低碳旅游景区

旅游行业要想达到低碳的目标，有很多方面都需要相关部门去统筹规划，可以建设低碳旅游景点，给人们提供低碳的旅游。低碳景区的建设是一个系统的复杂工程，包括怎样在低碳运营模式中改进现有景区的低碳管理模式，怎样将低碳的衡量标准融入现有的景区评价体系，生态文化综合效益能否最大化等问题，这些问题都需要系统研究并且制定规则予以正确引导。

我国的低碳旅游景区

自 2010 年正式启动全国性的低碳旅游示范区评选活动以来，已经有 500 余家景区提交了申请报告，到 2011 年 1 月，黄山等 50 家旅游景点成功入选了首批低碳旅游实验区。

来低碳旅游景区旅游的游客在住宿、交通、饮食、通信等各个方面都能亲身体验到低碳生活，游客们还可以通过景区低碳知识的宣传、碳补偿等相关活动深入了解低碳的意义，让自己有意识地节约社会资源和自然资源，同时主动保护生态环境的平衡，在旅游活动结束后继续坚持低碳生活的理念，扩大低碳生活的范围，让自己逐渐形成生态文明时代的生活方式。

景区接待设施要低碳化

我国可以在低碳旅游景区内大量引进新能源，例如风能、太阳能、生物能等，尽可能避免使用化石能源。我们可以根据景点的位置和特点来引进相应的能源，例如：野三坡风景区位于太行山脉的东麓，地处高山的野三坡，本身就有着丰富的太阳能和风能等资源，而且植物种类繁多，生物能储量也很丰富，我们就可以根据这里的优势特点来规划建设：

1. 娱乐节能。以生态观光旅游为主，尽量选择步行，减少缆车和观光车的使用。

2. 垃圾处理节能。例如，人畜粪便可以用于农作物肥料，建筑垃圾可以用来铺路等。

3. 照明节能。在景区内安装太阳能路灯，完善对景区照明系统的管理，如降低亮度、加大路灯间的设置距离、在接待区内张贴强化出门关灯的习惯等。

4. 饮水节能。通过院子、屋顶和人工蓄雨池收集雨水，用天然发酵法使有机质分解、沉淀，达到可饮用的标准。此外，还可以加大水的重复利用。

5. 建筑节能。采用节能玻璃窗、本地石头和木材等建筑景区；安置使用脚踏发电机或手摇发电机的健身器材；在房间内和户外装置太阳能充电设施。

6. 节约生活用能。改造房屋结构，采用新技术，加大自然能源的保温与避暑；减少洗衣机的使用、缩短空调的使用时间。

7. 饮食节能。食用当地蔬菜和植物性食物，每家都建有菜园子，施肥采用当地的农家肥，纯绿色、无公害。

我国景区低碳旅游发展对策

低碳旅游景区要想得到较好的效果，还要有相应的对策。主要从以下几个方面来加大落实力度：

1. 完善政府在景区低碳旅游方面的引导制度。诸多实践证明，低碳景区要得到健康发展，还需要政府的宏观调控与引导。政府应该建立并完善对景区能源浪费、污染排放的奖励和惩罚机制，还可以通过给旅游景区划拨旅游经费补助，还可以通过减免税收等多方面来给予优惠，这样可以激发景区向低碳发展的积极性和自信心。

2. 提高旅游景区员工参与的积极性。培养低碳旅游意识，最重要的是对景区工作人员进行低碳旅游理论知识与技能方面的培训，举办一系列奖励性比赛，对那些在环保节约、低碳节能方面表现突出的员工进行奖励，然后通过员工的低碳服务和引导，培养游客的低碳意识，引导游客的低碳行为。

3. 提高低碳技术与设备的可获得性。如使用清洁能源，提升引入太阳能、风能、水能等绿色能源技术；在建筑、照明、供热等方面，建立完善的节能减排机制。

4. 深层次普及低碳旅游理念。加大对景区低碳旅游理念的宣传力度，培养游客的环保意识，提倡游客参与景区的低碳环境建设，真正将低碳理念落实到行动。对于旅游

小贴士：

景区要充分利用自然光照明；在房间的走廊、卫生间等位置，无人时应尽量减少开灯；人要离开房间时，要做到随手关灯。

中不可避免产生的碳排放，景区工作人员可以引导游客通过植树的方式来进行弥补。

知识竞答：

1. 下面哪些景观是低碳的？（　　）

A. 自然景观　　　B. 人造景观　　C. 博物馆　　　D. 古迹

2. 未来我国旅游景点发展的方向是（　　）。

A. 低碳景区　　　　　　　　B. 人文景区

3. 低碳景区的低碳表现在哪里？（　　）

A. 经典的附着物　　　　　　B. 经典的设施

C. 低碳的住宿　　　　　　　D. 以上都是

4. 如何选择低碳景区？（　　）

A. 看景点是否是自然景观　　B. 看景点的建筑是否精美

5. 低碳景区的规划要做到（　　）。

A. 绿色环保新概念　　　　　B. 水循环利用

C. 路灯随人出现亮光，人走就灭　D. 以上都是

6. 低碳景区中的环境应该是（　　）。

A. 简单地规划　　B. 大面积扩建　C. 现代高科技设施齐全

7. 下列属于低碳景区的"低碳"体现的是（　　）。

A. 饮食节能　　　　　　　　B. 居住节能

C. 生活用品节能　　　　　　D. 以上都是

8. 景区接待如何节能？（　　）

A. 饮用水节能　　　　　　　B. 垃圾分类明确

C. 建筑节能　　　　　　　　D. 以上都是

答案：

1.A　2.A　3.B　4A　5.D　6.A　7.D　8D

低碳出行的小习惯

低碳出行除了减少乘坐飞机、火车、汽车外，还有很多节能减排的出行小习惯。虽然要实现旅行途中节能减排，重点需要从大的政策方面来引导，但是大的方面引导好了，并不是就万事大吉了，还要需要我们每一个人都形成低碳出行的习惯，这是非常重要的。

加强户外运动，减少网络依赖

随着计算机的普及，人们对网络的依赖性越来越大。现在，很多年轻人都喜欢在休闲时抱着手机、电脑玩游戏、看视频，严重影响了工作、学习和生活，甚至影响到了身心的健康。所以，大家要重视网络的不良影响，首先要认识到沉迷网络的危害，其次要加强户外运动，减少对网络的依赖。加强户外的有氧运动，既能锻炼身体，又能减少碳排放量，为环保贡献一份力量。

所以，我们外出时，尽量不要携带不需要的电子产品，放假时也不要整天宅在家里。事实证明，整天宅在家里很容易消耗过多的资源，对自己、对社会都是不利的。如果我们每天减少 2 个小时的

小贴士：

用电脑时，如果不需要看屏幕，只需要听声音，就把显示器关闭，以此省电。或者使用定时关机软件来定时关机，以防忘记关机。关机时，必须把电源拔掉，因为待机也要消耗一定的电量。

网络使用时间，那么每天每人就能减少很多的二氧化碳排放量。

贪恋夜色也会增加能耗

旅行中，很多人都喜欢逛到深夜才回酒店休息，或者干脆夜里就不休息，欣赏夜景过一个通宵。其实，这样的旅游方式是不对的。通宵不休息，除了不利于身体健康外，还会给环境增加负担。

医学研究证明，人一天的睡眠时间，儿童必须达到 8 个小时，中年人要达到 7—8 个小时，老年人至少要达到 6 个小时。另外，医学上有句话叫"子时睡好觉，一生不吃药"，所以，人最晚也要在 23 时之前进入睡眠状态。

夜里不睡觉或者晚睡除了对身体无益，对环境也无益。假如一个人 18 时开始看电视或者上网，20 时才准备上床睡觉，第二天早晨 6 点起床，那么这个人每晚就会增加 3.5 个小时的耗电时间。即使现在的电视是节能环保的，每小时也要耗能 0.1 千瓦时，电脑耗能每小时为 0.01 千瓦时。假如电视和电脑同时开机，那么每小时的能耗是 0.11 千瓦时，每晚多用 3.5 小时，增加耗能 0.385 千瓦时，每年就增加耗电近 140 千瓦时，增加碳排放 110 千克。

旅游不吃油炸和油煎食物

中国有着十分发达的饮食文化，发展出了八大菜系，十几种烹调技法——煎、炒、炸、焖、蒸、卤、烧、酱等，这些烹调技法已经成了中华民族饮食文化的瑰宝。但是，从低碳生活的角度来看，这些烹饪方式中，有一些并不可取。根据低碳烹饪的原则，我们要尽量采用煮、煲、烫和清蒸、凉拌、白灼等烹饪方法，避免煎、炸、炒、烤等耗油量多、会产生大量油烟的烹调方式。

炒菜油温达到300℃时，会破坏菜中的营养成分，而如果采用蒸菜，温度只有100℃，基本可以很好地保留食材的营养价值。高油温除了会破坏菜中的营养成分外，还会产生较多的油烟和各种致癌物质，既危害了身体，又污染了空气。

小贴士：

做饭中产生的重油污可以先用废纸擦去，然后清洗，这样不仅可以节省水和清洁剂，还很干净。另外，洗碗时，可以先洗油污不是很重的餐具，再洗油污相对较重的，也可以达到省水节能的效果。

过年时，如果我们把热菜一律改为蒸菜，凉菜改为凉拌菜，那么使用的色拉油可以从0.5—0.75千克减少为0.1千克，同时还可以节省燃气和时间。炒菜油烟四溅，弄得哪里都脏，这样就增加了清洁剂的使用量。所以，只要我们改变一下烹调方式，就可以收到省钱又省事的效果。

知识竞答

1.烤肉是很美味的食物，出行时应该（　　）。

A.不吃　　　　　　B.少吃　　　　　C.大量吃

2.出远门要自带食物，应该带一些（　　）。

A.蔬菜和水果　　　　　　B.富含蛋白质的食物

C.一些鱼罐头

3.饭店炒菜的油温应该（　　）。

A.高，这样炒的菜好吃　　　　　B.低，这样炒菜污染小

4.旅行途中有很多夜景很美，在白天是看不到的。如果遵循低碳旅游的原则，那么应该（　　）。

A.不看　　　　　　　　B.看，机会难得

C.可以观看相关视频

5.出门在外，走夜路时应该（　　）。

A.依靠月光，不要开照明灯　　　B.开照明灯

6.出行要带的行李有（　　）。

A.电子产品　　　B.衣服　　　　C.光盘　　　　D.贵重物品

7.出行时的饮食要以（　　）为主。

A.高档为主　　　B.口感好为主　　　C.低碳为主

答案：

1.A　2.A　3.B　4.C　5.A　6.B　7.C

第七章

绿色交通我行我"素"

现代交通发达，可以满足不同人群的出行需求，发达的交通也为经济发展做出了重要贡献。可是，交通工具会排放大量有害气体，污染空气，威胁人类的健康。因此，为了改善环境，我们要做绿色出行的践行者，让环境因我们出行方式的改变而变得更加美好。

锡伯族

步行出行，健身又环保

现代人的生活节奏快，时间观念也越来越强。时代进步了，人们的生活方式随之改变是可以理解的，但是从另一方面来看，适当地恢复慢节奏的生活方式对自身健康和环境保护都很重要。比如，在时间允许的情况下，我们可以选择步行出门。

步行给身体带来的好处

步行是城市交通系统中不可或缺的交通方式之一，同时，它也是一种非常健康的出行方式。有资料显示，我们如果每天快走 25 分钟，就可延长 7 年寿命。美国对 70—80 岁的男性进行了长期跟踪研究，发现每天步行 30 分钟的男性，比不进行任何体育活动的男性寿命长 5 年。

步行除了能使人的寿命延长，还会使人患高血压的概率下降83%。我们知道，现在有不少人患有心脑血管疾病，这是严重危害生命健康的疾病之一，而经常步行的人可以减少患此类疾病的概率。长期坚持步行上下班还能控制血糖，预防糖尿病。吃过早餐后步行上班，可以加快消化和吸收，促进新陈代谢，从而保持体形优美。

医学专家称，长期步行的人可以获得多方面的好处：促进新陈代谢，提高工作和学习效率，预防老年痴呆；缓解压力，延年益寿；增强肌肉关节的力量，使身体更结实；增强消化功能，促进胃肠蠕动，预防便秘；预防高脂血症、肥胖、代谢综合征；增强心肺功能和运动耐力；增强血管弹性，不容易患动脉硬化。

如何走才能走出健康

我们知道，步行对身体健康的好处体现在很多方面。但是，如何步行才是有利健康的，你知道吗？

第一，步行应该走多少。步行应该走多少，这是很关键的，走少了达不到健身的效果，走多了又可能损害身体健康，严重的甚至会引发疾病。根据《中国居民膳食指南》的建议，成年人每天应步行6000步以上，即轻负荷锻炼约30分钟，适应后可以逐渐提高步行的步数和时长。

第二，如何走才是正确的。比较科学的做法是：1. 购买一双大小合适、舒适透气的运动鞋；2. 在步行的过程中要注意补充适量的水分和能量；3. 步行时要保持正确的姿势，即抬头挺胸，颈部与肩膀放松，手臂自然前后摆动带动步伐，每走3—5步换气一次。

步行是一种生活理念

我们的出行方式有很多种，可以开车、骑车，也可以步行。每一种出行方式都可以看到不同的风景，在路上遇见不同的风景，是一种非常美好的人生体验。

地球只有一个，是我们唯一的家园，我们要学会与地球和谐地相处。

近些年来的全球气候变暖，气候变化无常，自然灾害频发等，这些都意味着我们与地球的相处产生了不和谐的因素。基于环境的影响，人类的生活方式也要做出一定的改变，如倡导低碳生活、践行节能减排等。要做到这些，我们就需要有正确的环保理念，而步行就体现了健康、环保的生活理念。为了让更多的人树立低碳生活理念，我们可以举办一些与此有关的活动，让更多人支持和参与步行。

比如，我们可以在社区里举办一场以"步行，绿色低碳的脚步"为主题的活动。为了更好地践行步行绿色生活理念，我们可以事先把活动所需的资料都制作好，印发给参与活动的人们，让他们先阅读这些资料，然后参与现场知识竞答，获奖的人可以参与活动的进一步策划，以吸引更多的人积极参与。通过此类活动不断地宣传步行的环保理念，就可以让越来越多的人变成步行达人。

知识竞答

1. 步行给身体带来的好处有（　　）。

A. 增强肺活力　　　B. 对膝盖骨有损伤　　　C. 节省时间

2 步行是一种（　　）。

A. 健康绿色的生活理念　　　　　　　　B. 节能减排的方式

C. 锻炼身体的好方法　　　　　　　　　D. 以上都对

3. 小王所在公司距离家只有1000米，他如何上班最环保？（　　）

A. 开车　　　　　　　B. 坐公交　　　　　　　C. 步行

4. 俗话说："饭后走一走，活到九十九。"下面的步行方式正确的是（　　）。

A. 先慢走，然后逐渐加快速度　　　B. 始终保持缓慢行走

C. 先慢走，然后跑起来

5. 根据《中国居民膳食指南》的建议，成年人每天应该步行（　　）步以上。

A.1000　　　　　　B.6000　　　　　　C.5000　　　　　　D.3000

6. 城区内生活出行，采用步行与自行车出行的比例不宜低于（　　）。

A.70%　　　　　　B.75%　　　　　　C.80%　　　　　　D.85%

7. 行人出行一般靠（　　）走。

A. 左　　　　　　　　　　　　　　B. 右

C. 中　　　　　　　　　　　　　　D. 以上都不是

答案：

1.A　2.D　3.C　4.A　5.B　6.C　7.B

长途选择公共汽车

长途出行可以使用的交通工具有很多，如飞机、火车、汽车、轮船等，而经济收入高的人群一般会选择坐飞机，因为飞机速度快。但是，飞机的耗油量大，排放的二氧化碳也比其他交通工具多，所以从环保的角度来看，最好不要选择坐飞机出行。

公共交通快捷又环保

汽车尾气的主要污染物是碳氢化合物、一氧化碳、氮氧化物、铅等，他们对人们的健康有害无利，长期吸入这些物质，会降低血液输送氧气的能力，严重的甚至会患上各种疾病。所以，为了减少有害气体的排放，人们积极地开发绿色环保车辆，但是这种车毕竟是少量的，不足以承担起减少有害气体排放的总体任务。我们只能通过其他方式来寻求解决这个难题。比如，我们出远门时，可以选择乘坐排放二氧化碳较少的交通工具。

以公共汽车为例，公共汽车的容量较大，同样的行驶距离，多数人乘坐同一辆公共汽车，比大家分别乘坐出租车要节能的多。

低耗能、低污染、低排放是交通发展的趋势。而公共汽车也是未来交通发展的重点项目。另一方面，

小贴士：

同样是运送50名乘客，如果使用公共汽车运送这些乘客与使用小轿车相比，公路被占用的长度约是后者的1/10，在耗油方面大约是后者的1/6，排放的二氧化碳有害气体更是低至后者的1/16。

公共汽车也是可以很好地解决由于交通堵塞带来的交通压力。况且，现在的公共汽车比过去改进了很多，无论是车辆的性能，还是外观、内饰等，都在与时俱进。总之，公共汽车是环保又便捷的交通工具，多乘坐公共汽车有助于减少污染气体的排放。

公共汽车的作用

公共交通的起源可以追溯到 1826 年。当时法国的一位退休军官在南特市郊开办了一家磨面坊，他将蒸汽机排出的热水向人们免费提供，后来还建造了一家公共浴池，并提供往返于市中心到浴池的马车服务。在平时的运输过程中，这位军官发现这一路的人都可以使用他的公共马车时，他就开通了穿梭于各个旅馆之间的客车路线了。

公共汽车对社会的作用实在是太大了。公共汽车使人们享受到了城市和邻近村镇往来的便利性。

公共汽车是最便捷的低碳出行工具。现在的公共汽车改变了出行模式，采用电动车、公共交通和混合动力汽车、等低碳或者无碳的模式。公共汽车已经改变了出行的浪费风气，强化了方便、舒适的功能性。公共汽车降低了耗能，最终会形成全产业链的循环经济模式。

乘坐公交车的几大好处

对于上班族来说，大部分的时间都在工作岗位上，但是上下班在路上的时间也不少，这个时候有很多种交通工具都可以供你选择，你是选择开车上班，乘坐公共汽车，还是步行，选择权在你自己手里面。但是大部分人上班都不会只在自己的家门口，一般都会是相对比较远的距离，这时候不能步行上班，乘坐出租车费用又高，乘坐地铁的费用也不低，这时候乘坐公共汽车就成为大多数人的选择。公共汽车速度快，省钱又舒适。乘坐公共汽车有很多好处：

小贴士：

现在公共汽车除了供城市内上下班乘坐，在我们出远门时也可以选择乘坐长途公共汽车，长途公共汽车的费用要远远低于火车或者飞机的费用，而且有的还可以坐到家门口。

1. 可以节省财力。上班乘坐公交车可以节省很多钱，还可以办一张公交卡，享受优惠，不用天天备零钱来乘坐。

2. 可以节省体力。乘坐公共汽车上班比步行要节省体力，步行虽然节省钱，但是总不能长途也步行，距离公司在两站地以上的最好公共汽车上班。

3. 可以社交。在公共汽车上我们可以让自己见识不同的面孔，增加我们对不同人的接触机会，了解不同的人。有句话说"读万卷书，不如行万里路，行万里路不如阅人无数"。

4. 乘坐公共汽车还可以利用更多的闲暇时间来听听歌、看看书，补充自己想学的知识，或者是放松自己的身心。

总之，长途出行我们可以选择乘坐公共汽车，不仅费用低，也比飞机安全得多。

知识竞答：

1.乘坐（　）出行，更环保、便捷。

A.公交车　　　　B.轨道交通　　C.私家车

2.从北京到河北怀来县，乘坐（　）更低碳。

A.高铁　　　　　B.飞机　　　　C.长途汽车

3.下面的交通工具中，哪一种更环保？（　）

A.飞机　　　　　B.汽车　　　　C.火车

4.乘坐长途汽车时，可以做很多有意义的事情（　）。

A.阅读　　　　B.听歌　　　C.看电影　　　D.以上都是

5.琳琳上学时经常乘坐公交车，好处有（　）。

A.省钱　　　　B.省时间　　C.节能　　　D.以上都是

6.从家里到上班地点有3公里，选择（　）最便捷。

A.公共汽车　　B.坐地铁　　C.步行

7.公共汽车对社会发展的好处是（　）。

A.节能　　　　　　　　　B.为人的交往提供了便利

C.解决了城市交通的出行方式　D.都是

答案：

1.A　2.C　3.B　4.D　5.D　6.A　7.D

远路多乘轨道工具

旅行的距离越远，交通方面的支出就越高，特别是乘坐飞机。飞机的票价之所以高，很大一部分是为飞机的高耗油买单。那么，有没有经济实惠的长途旅行交通工具呢？当然有，那就是轨道交通。

路远乘坐火车代替飞机更低碳

如果我们出行的距离不是特别远，那么乘坐火车等轨道交通是非常经济实惠的方式。如果我们选择乘坐飞机，除了支出大之外，还有环境污染的问题，因为飞机行驶会排放很多二氧化碳。让我们来看几个数据：飞机飞行时产生的二氧化碳的人均值是火车的 3 倍；乘坐飞机旅行 2000 千米，就要排放 278 千克二氧化碳；以 800—1000 千米的乘坐距离来算，乘坐火车的能耗是乘坐飞机的 1/5。乘坐飞机价格高昂，排放的二氧化碳又多，实在是不划算。

有人会说：飞机的速度快。但其实，高速动车组的行驶速度也是很快的，高铁的时速为 200 千米左右，行程 1000 千米乘坐高铁需要约 5 个小时，而如果改坐飞机，如果把往返机场、安检和飞机起降的时间都算上，需要约 4 个小时。

出门上班也可以乘坐轨道交通工具

上面说了出远门可以选择乘坐高

铁等轨道交通工具，其实，近

距离上班也可以选择乘坐此

类交通工具，比如地铁。

如果我们要去8000米以

外的地方上班，从能源

消耗和环境污染的角度来说，

小贴士：

近距离出行可以选择乘坐地铁，地铁不会出现堵车的现象，速度又快，达到目的地的时间有保障，是现在短距离交通的主要方式。

最好选择乘坐地铁。去8000米以外的地方，乘坐地铁比乘坐汽车少排放1.7千克二氧化碳。公交车每千米的人均能耗是小汽车的8.4%，地铁交通则是小汽车的5%。在一个城市里上班，只要路途不是很远又不是很近，选择乘坐地铁还是比较低碳的。由此可见，去不远的地方选择乘坐地铁，比乘坐公交车或小汽车更低碳。

乘坐地铁的好处还有很多，比如不会堵车。由于地铁的行驶路线不与地面道路重叠、交叉，因此行车受到的交通干扰较少，可以为着急赶时间的上班族节省下大量的通勤时间。

城市轨道交通的规模化发展

汽车带给环境造成的污染，相较于地铁严重得多，地铁的速度又远比汽车快，能保证人们的出行的时间，还没有交通拥堵和尾气污染。正是由于乘坐地铁的优势很多，所以人们无论是短途还是长途出行，都比较喜欢乘坐地铁或高铁。

据有关部门统计，我国大约有20座城市实现了轨道交通运行，未来还将建造更多城市轨道交通。目前，正在发展中的轨道交通城市主要是从轻轨建设、城市地铁建设、有轨电车等多方面来进行规划发展。2020年，我国城市轨道交通线路建设将达到1.4万千米，与此同时，还会实现政企部门的高度交流与合作，促进城市轨道交通更大规模化发展。

总而言之，随着我国城市化水平进程的不断提高，人口越来越多，给交通带来了极大的压力，许多城市交通拥堵的现象非常严重。为了缓解这种压力，我国很多城市都在积极地发展城市轨道交通，将来的轨道交通还会继续向前发展，极大地方便人们的出行。

知识竞答

1.与地铁相比，具有站距长、旅速高、运能大、投资省、造价低等优点的城市轨道交通种类是（　）。

A.市郊铁路　　　B.有轨电车　　C.地下铁道　　D.轻轨交通

2.地铁引起的（　）已经成为发展地铁交通的首要制约因素。

A.特殊风险源　　B.振动和噪音　C.噪声　　　　D.地下水

3.某人去8千米以外的地方度假，请问他应该选择哪种交通工具?（　）

A.汽车　　　　　B.地铁　　　　C.骑车

4.市中心区轨道交通车站的吸引范围一般为每侧（　）。

A.650—800米　　　　　　　　B.500—700米

C.850—1000米　　　　　　　D.550—900米

答案：

1.A　2.B　3.B　4.A

提倡安全顺风车

现在打车出行非常方便，尤其是顺风车的出现，不仅节省了人们的出行成本，还可以减少碳排放。经过几年的发展，顺风车已经逐渐成为一种重要的出行方式。

顺风车是如何出现的

大多数人都认为顺风车是互联网时代的产物，其实，早在互联网为出行行业赋能之前，顺风车就已经是同事、邻居、友人之间常用的出行方式了。到了网约化时期，网约车与顺风车的概念混淆不清，由此，顺风车的产品形态、用户权益、平台责任也变得模糊不定。

2016年，国务院办公厅发布《关于深化改革而推进的出租汽车行业健康发展的指导意见》（国办发〔2016〕58号），对顺风车给出了明确的定义，即私人小汽车多人合乘，也称为拼车。顺风车由合乘服务提供者事先发出出行乘车的信息，合乘的人按照该信息选择是否乘坐合乘服务提供者的车，顺风车的乘客每个人只需分摊少部分的成本就可以共享出行了。顺风车的目的不是为别人服务，而是以车主自己的出行目的为前提。顺风车限制了车主每天最多

小贴士：

　　顺风车的出现，为人们的出行带来了很多方便，无论是在节假日还是在上班的早晚高峰期，只要有出行需要，我们都可以花很少的钱满足这种需要。

接多少单，并且保障了合租人的费用一般只是成本，不会高于成本。因为车主的目的不是营业，而是顺路而为，减少自己的出行成本，没有乘客也要到达目的地。顺风车在城市中与其他交通形式并存，共同为人们的出行提供便捷服务，是城市交通建设的组成部分。

现在，大城市交通拥堵、空气污染、闲置资源浪费等问题严重，而顺风车这一共享经济的出现为城市问题提供了新的解决方案。

顺风车的发展过程

顺风车在发展过程中，始终将乘客的安全问题放在首位，并且在安全技术上不断地进行创新和改进。顺风车平台除了为合乘者提供保险保障之外，还为车主和乘客双方都提供了全程数据监控、安全护航、路线偏移预警或者报警、乘车校验卡以及安全支付等安全技术服务。

除了平台提供的安全技术服务之外，顺风车平台负责人表示，出行安全不仅需要平台的维护，也需要广大用户和平台共同协作，才能真正实现顺风车的健康发展，有力地保证每一位用户的出行安全。

同时，顺风车平台表示：希望每一位用户都树立正确的安全观念，坚决维护个人的合法权益，拒绝私下交易，与平台一起共同打击非法营运。对于不合规的车主，顺风车也会给予严厉的打击，如扣除车主的行为分，假如行为分被完全扣除，顺风车平台就会将车主的信息永久封禁。

搭乘顺风车更经济

红红火火的顺风车，在人们的日常交通中扮演着不可或缺的角色。乘坐顺风车的费用要比大巴车价格低，但是比起快车、专车等，要便宜超过

60%。

由于顺风车是顺路而为的性质，价钱不高，只收取成本费。所以打算出行的你，不妨试试顺风车，它非常方便，只要提前预约，就不用再担心抢不着票，

也不用和其他人挤车。如果你家附近的公交车比较少，离地铁站又很远，这时如果选择搭公交车再换地铁，那么路上所花的时间就比较长了。而改乘顺风车能帮你省不少时间，有时还会有其他顺路的乘客和你一起拼车，性价比更高。

如今，顺风车在安全技术方面已经很完备。顺风车平台基本都已经实现行程分享、号码保护、录音取证、人脸识别等多项必备安全功能。如果行程中出现了异常停留、偏航等行为，平台会主动提醒用户。顺风车不仅缓解了早晚高峰出行困难、车辆限号等问题，保证了市民出行品质，还对提高道路交通运输效率、推动绿色出行做出了积极贡献。

总之，顺风车为人们提供了便利的出行服务，为拥挤的道路交通减少了碳排放，减少了环境的污染，同时又安全可靠，是一种经济实惠的出行方式。

知识竞答

1. 节假日人们纷纷出去旅行，如果到不远的地方游玩，建议乘坐（ ）。

A. 高铁   B. 顺风车

2. 顺风车的出现解决了交通的（ ）问题。

A. 节能   B. 拥堵   C. 省钱   D. 以上都是

3. 顺风车给人们出行带来了怎样的影响？（ ）

A. 想坐哪个车就拼哪个车，不存在限号问题

B. 自由乘坐，想去哪就拼到哪

C. 节省了交通费用   D. 以上说法都对

4. 搭乘顺风车在安全方面应该注意（ ）。

A. 以下都对   B. 司机的个人信息是否合法

C. 同乘的乘客是否富有攻击性

D. 拼车平台的技术安全性

5. 搭乘顺风车的人数多少为佳？（ ）

A.2 人   B. 以车能容纳的人数为佳

C. 多于准坐人数

D. 越多越好，可以省下更多的钱

6. 搭乘顺风车到达目的地后，结账时应该（ ）。

A. 在平台上结账   B. 与司机私下里结账   C. 与乘客结账

答案：

1.B 2D 3D 4.A 5.B 6.A

选购绿色环保型汽车

绿色环保型汽车指的是符合国家规定的机动车尾气排放标准的机动车。由于机动车尾气会给环境带来污染，所以各个地方都越来越重视绿色环保汽车。机动车绿色环保标志大体上可以分成两类，一种是黄标，一种是绿标。绿标机动车的尾气排放达到一定标准，允许进入限行路段和区域；黄标机动车的尾气排放达不到一定标准，不能进入限行路段。

什么样的车是绿色环保的

现在，绿色消费的观念越来越深入人心，政府也在汽车尾气是否达标上出台了相关规定，达标了就可以进入规定的路段，不达标则不可以进入。所以，越来越多的消费者开始意识到汽车生态环保的重要性。

什么是绿色环保汽车？顾名思义，就是对环境没有污染的汽车。绿色环保汽车是一个整体的理念，即在汽车的设计、制造、燃料、内饰、使用、报废回收等环节，都要尽量做到减少对环境的污染，甚至做到"零污染"。

绿色环保汽车有两种：一种是开发使用替代能源的汽车，如甲醇汽车、天然气汽车、氢气汽车、液化石油气汽车等使用替代燃料的汽车；另一种是开发利用新能源的汽车，如太阳能汽车、电动汽车、风力汽车、汽车等。因为这些汽车排放的有害气体比传统汽车排放的尾气危害少，甚至为零，因此都可以被称作"绿色环保汽车"。

压缩天然气汽车和液化石油气汽车最大的优点是可以有效减少碳氢化合物、一氧化碳和颗粒物的排放，但氮氧化物的减排效果就有限了。使用液化石油气和天然气替代汽油作为燃料，只能使氮氧化物的排放量减少10%和5%。举个例子，假如现在所有公共汽车和出租车全部使用替代燃料，那么空气中的氮氧化物只能减少1.1%—2.3%。甚至把所有的机动车都改为替代燃料，氮氧化物的减排量也不是很乐观。因此，替代燃料汽车只不过是过渡型环保车。

有人认为，既然替代燃料型汽车对解决空气污染问题意义不大，那么为什么不选购电动汽车呢？其实，电动汽车并未减少对环境的污染，只是把污染转嫁给了电厂而已。电动汽车主要使用的是传统的铅蓄电池，而铅化物对环境的污染可能比目前的废气污染更严重。人们为了生产未来电动汽车所需的铅酸蓄电池，需要大量开采、提炼和熔解毒性很强的铅。既然铅酸电池汽车对环境也是有污染的，那么我们就探讨另外一种绿色环保汽车——氢气汽车和太阳能汽车。

氢气汽车和太阳能汽车是目前真正的绿色汽车。氢气汽车是使用氢气作为动力燃料的，氢气燃烧不会产生二氧化碳，而且氢在大自然中的存在非常广泛。以氢为能源的燃料电池，将是21世纪绿色环保汽车的核心技术。太阳能可以说真正意义上最洁净的能源，太阳能在利用过程中几乎没有污染，而且取之不尽、用之不竭，是最经济的能源。

虽然氢气汽车和太阳能汽车都是绿色汽车，但是它们的技

小贴士：

购车时应该选购自动挡还是手动挡呢？自动挡车在一般情况下，比手动挡车耗油量大，因为自动挡变速器里有一个液力变矩器，一般并不是直接进行动力传输，而是需要通过液力变矩器来传递动力，这就要损耗掉一部分能量，并将能量转化为热量。所以，自动挡车比手动挡车耗油量高一些。

术性还没有得到完整地开发，需要克服的技术障碍还比较多。所以，虽然现在所说的大部分绿色环保汽车，只是相对来说对环境的污染比较小的汽车，但也是我们购车的最佳选择。

> **小贴士：**
> 　　绿色环保型汽车，可以选择那些低排量的、空间相对小的、车身相对轻的、耗油量少的汽车。

如何挑选环保汽车内饰

　　选购了一辆绿色环保的汽车后，我们还要为爱车选购装饰品。那么，选择什么样的装饰才是绿色环保的呢？人们挑选汽车装饰品，往往以美观、时尚为主，而对价格较高的新材料制作的装饰品不是很青睐。但是，这些新材料装饰品的污染较小，也比较安全，从这个角度来说，性价比还是很高的。

　　我们选择汽车坐垫时，可以选择四季皆宜的坐垫，这种坐垫采用了新的织布技术，柔软舒适、透气性好，还具有阻燃、防静电等多种优势，四季都可以使用，是比较环保的。至于车用头枕，我们可以选购碳纤维材料的，这类头枕放在车内不仅可以祛除异味，而且耐脏。而选购汽车脚垫时，最好选择不易藏污纳垢的脚垫，如使用环保材料制成的无异味的汽车塑胶脚垫，这种脚垫具有耐磨、不沾灰尘、不亲水、不变色、不变形的优点。

新能源汽车是汽车产业发展的主要方向

　　新能源汽车是全球汽车产业转型升级、绿色发展的主要方向，同时也是我国汽车产业高质量发展的战略选择。《新能源汽车产业发展规划

（2021—2035年）》（以下简称《规划》）强调，要坚定打好关键核心技术的攻坚战，提高产业链供应链现代化水平，推进产业结构不断优化升级，为加快构建新发展格局，为了实现高质量的发展提供有力的支持。

那么，国家为什么如此重视发展新能源汽车呢？这是因为新能源汽车可以帮助我们解决在可持续发展过程中面临的各种问题和挑战，它的作用体现在多个方面，例如：1. 助力汽车行业创新发展；2. 应对城市化进程所带来的环境污染的挑战；3. 解决交通出行问题；4. 降低对稀缺资源的依赖；5. 促使汽车行业的绿色环保可持续发展。

知识竞答

1. 汽车排出的一氧化碳占尾气污染的（　　）。

A.55%　　　　　　B.40%　　　　　　C.70%　　　　　　D.95%

2. 下面属于绿色环保型汽车的是（　　）。

A. 甲醇汽车　　　B. 天然气汽车　　C. 氢气汽车　　　D. 以上都是

3. 汽车内饰应该选择（　　）。

A. 皮质的　　　　B. 植物纤维型的　　　　　　　C. 人造丝型的

4. 塑胶脚垫具有（　　）的优点。

A. 耐磨　　　B. 不沾灰尘　　　C. 不亲水、不变色、不变形

D. 以上答案都是

5. 太阳能汽车与充电式汽车相比，哪一个更环保？（　　）

A. 充电式　　　　B. 太阳能　　　C. 两种都不环保

6. 绿色环保汽车是一个整体理念，包括（　　）。

A. 汽车的设计、制造、燃料、内饰

B. 使用、报废回收　　　　　　C. 两项都包括

7. 柴油机动力不足，这种故障往往伴随着（　　）

A. 排气颜色不正常　　　　　　B. 气缸敲击声

C. 气门敲击声　　　　　　　　D. 排气颜色正常

8. 发动机在冷启动时需要供给（　　）混合气。

A. 极稀　　　　B. 极浓　　　C. 经济混合气　　D. 助率混合气

答案：

1.A　2D　3.B　4.D　5.B　6C　7.A　8.B

掌握汽车的经济车速

　　我们在行车过程中，要把握好行车的经济车速，让车达到最省油和最佳车速的状态。汽车经济车速指的是汽车以最高档位行驶时，燃料消耗（一般是以 100 千米油耗为例）最低时的车速。不同的车型，其经济车速不同，但是一般都为 60 千米—90 千米 / 小时。

汽车的经济车速是如何算出来的

　　有人认为开车时，车速越低越省油，其实并不是这样的。汽车只有在经济车速时，耗油量才最低。因为汽车行驶时的油耗并不是只取决于发动机的单位燃料消耗量，还取决于汽车在行驶过程中所克服的各种阻力所需要的油量。一般情况下，车速越高，受到的空气阻力越大，耗油率就越高。

　　让我们来看一组分析：车速较低时，虽然克服行驶阻力所需要的功率比较小，但此时发动机的负荷率起决定性作用，所以油耗是相对上升的；如果车速较高，虽然发动机的负荷率也比较高，但是油耗率降低了，不过，汽车在行驶过程中克服行驶阻力所

小贴士：

　　很多人认为空挡滑行省油，其实不然，空挡滑行对于那些采用电喷发动机的汽车来说更费油了。目前，大部分的电喷发动机的控制系统都具备了减速、减油或者是断油的功能，这类汽车高速带挡滑行时，可以利用自身的设计优势来达到省油的效果，但是如果换空挡滑行，这个设计就起不到任何作用，反而更加费油。

需要的功率也增加了，所以耗油率也较高。经过测试，汽车低速行驶时，油耗比用经济车速行驶增加 8% 左右；当汽车高速行驶时，油耗比用经济车速行驶增加 10%—12%。

所以，经济车速是介于低速和高速之间的一种状态。那么，我们如何确定经济车速呢？现在的汽车仪表盘上都会显示油耗，我们可以把它调整到瞬时油耗，然后在平坦的道路上行驶，同时观察不同车速下瞬时油耗的数据变化，瞬时油耗最低时，所对应的车速就是这款车的经济车速了。

普通车主只需了解相对省油区间

上面提到的经济车速一般在 60 千米—90 千米 / 小时之间，但是在实际操作中，我们无法非常精确、专业地确定经济车速，不过只要知道一个范围，然后在行驶过程中有意识地调整车速就可以了，而不必要刻意去寻求所谓的最佳经济时速。以普通 A 级车为例，排量在 1.5 升—2.0 升，相对较为经济的时速为 60 千米—90 千米 / 小时。我们平时开车时，也没必要循规蹈矩地压着 60 千米—90 千米 / 小时的时速开，如果因此忽视了交通安全问题，就得不偿失了。

经济车速省油原理分析

一般轿车的经济时速为 60 千米—90 千米 / 小时，汽车以经济时速行驶是最省油的。车速越低，活塞运动的速度就越低，燃油也燃烧得不完全。车速越快，进气的速度也在增加，这时会导致进气的阻力也随之增加，耗油量也随之增加。一般情况下，速度在每小时 88.5 千米是最省油的，当汽车行驶速度增加到 105 千米 / 小时，油耗将会增加 15%；而速度增加到 110—120 千米／小时，耗油量将会增加 25%。

　　车辆在低速行驶时活塞速度低，燃油不能完全燃烧，耗油量就会增加。耗油量增加的原因还有一点就是，当车辆的速度较低时，变速箱的齿轮运转效率通常较低，而且由发动机传递的扭矩不能有效地转变为动力，机械损耗的过程中就已经消耗掉了一些燃油。

知识竞答

1.不同的车型，经济车速也不同，但是一般都在（　）千米/小时。

A.60—90　　　　B.70—100　　　　C.80—120

2用来比较不同类型、不同载量汽车的燃料经济性油耗指标是（　）。

A.百吨千米燃耗　　　　　　　　B.每吨千米燃耗量

C.百千米燃耗量　　　　　　　　D.每千米燃耗量

3.初学开车时，要想达到省油的目的，就要（　）。

A.开慢车　　　　B.懂得汽车的经济车速　　　　C.少开车

4.若在发动机运转过程中，突然产生较大的异常声响，应（　），若没有这样做不仅危险，还使汽车耗油量增大。

A.立即停机　　　　　　　　B.继续使用

C.到目的地后停机　　　　　　D.维护时诊断

答案：

1.A　2.A　3.B　4.A

尽可能为爱车"减负"

经常开车的朋友，都知道汽车耗油量越大，花的钱就越多。其实，减少汽车耗油量的小窍门有很多。同时，给汽车减负、减少碳排放也是为环境保护贡献一份力量。现代城市里，汽车的数量不断加大，产生的尾气已经成为严重危害空气质量的元凶之一，给自己的车减负，就是直接减少减少对空气的污染。

如何给烈日下的汽车减负

夏天持续的高温使得人们汗流浃背，纷纷打开家里的空调或风扇降温。人可以利用空调或风扇来降温，那么汽车怎么降温呢？我们知道，很多车主都经历过这样的体验：在炎热的夏天一下子钻进车里，仿佛钻进了一个高温的蒸笼，酷热难耐，用手摸一摸，汽车的坐椅、方向盘、仪表盘、车门等都是烫手的。这时，为了降温，我们就会把空调打开，即使我们把空调温度调到最低值，那么我们至少也要过5分钟才能把车内的高温降下来。

在阳光下爆晒的车辆的内部温度高达60摄氏度以上。而长期处于太阳光爆晒的汽车的内饰也会加

小贴士：

汽车低速或急速行驶时，发动机需要提高转速来使空调正常工作，相对耗油也比较高；汽车高速行驶时，发动机的转速就高，输出的功率也高，带动空调所需要的油量也相对低很多。

速老化，使车内的皮革装饰等挥发出有害物质，如甲苯。

那么，如何避免汽车在烈日下暴晒呢？比如我们可以把汽车停在地库或者大树下，还可以在车里放置一些起到遮挡阳光的防晒物。夏天开车，进入车内应该提前把空调打开，让车内的空气流通一会儿，我们再进入车内。同时，大家一定要注意，炎热的夏天请不要把那些易燃易爆的危险品放置在车内。

夏季行车，注意给爱车轻装减负

有的人认为开空调行车耗油大，所以在炎热的夏天行车时，会为了省油而不开空调，只开窗户，想通过自然风散热的方式给车子减负。但是，相关实验表明，开着窗户行车会增加风的阻力，反而会增加耗油量。所以，夏天行车应关闭车窗，打开空调来给汽车降温减压。

小贴士：

假如不是长途行驶，只是在市内行驶，那么是可以采用"开窗透气"的方法来降低车内温度的。但是如果我们跑长途，特别是在高速公路上，那就最好打开空调，这才是一种最经济的减负方法。

此外，夏天高温，很多人觉得轮胎会自动膨胀，会导致胎内压力过高，影响行车安全，于是主动降低胎压。事实上，胎压低过标准值，会加大轮胎与地面的摩擦面积，使轮胎内部温度升高过快，爆胎的可能性反而会加大。因此，夏季无需刻意降低胎压，只要让胎压保持在合理的数值内就可以了。另外，为了安全起见，我们也可以给汽车安装胎压监测装置，随时观测胎压数值。

卸掉繁琐的用品，为爱车减负

很多人喜欢在车内放置一些无用的物品，这些物品会在无形中给汽车带来压力，直接导致汽车的耗油量增加。根据相关的数据统计，在车里放置的物品每增加 100 千克，汽车行驶的油耗就会增加 0.1 升左右。所以，我们完全可以把车内的无用物品卸下来，给汽车减轻负担。比如，冬天用的大包围脚垫、毛绒方向盘饰物、厚厚的棉质座椅套等，这些东西在其他季节统统可以卸掉。

知识竞答

1. 下面的做法中，哪些可以起到给汽车减负的效果？（　）

A. 卸掉车上多余的物体　　　　B. 减少乘坐的人数

C. 卸掉厚重的围脚垫　　　　　D. 以上都是

2 在车里放置物品每增加 100 千克，汽车行驶油耗就会增加（　）升左右。

A.0.1　　　　　B.0.5　　　　　C.0.6　　　　　D.07

3. 让汽车过多负重，汽车尾气排放量会（　）。

A. 减少　　　　　B. 增加　　　　　C. 没有任何影响

4. 夏天可以通过（　）给汽车减负。

A. 关闭车窗　　　B. 打开空调　　　C. 以上都是

5. 为了给汽车减负，下面做法中有必要的是（　）。

A. 去掉方向盘上厚厚的棉圈　　B. 去掉座椅上的装饰

C. 去掉车后座上的书籍　　　　D. 以上说法都正确

6. 很多人会把"热胀冷缩"的原理用在衡量汽车胎压上，下面说法正确的是（　）。

A. 夏天不需要改变胎压。

B. 夏天适当地放掉一点胎压，可以令汽车安全行驶。

7. 夏天使用汽车空调时，怎么做可以相对省油呢？（　）

A. 空调的温度保持在 26℃

B. 空调可以开得低一些

C. 空调可以开得高一些

答案：

1.A　2.A　3.B　4C　5.D　6.A　7.A

第八章

循环利用变废为宝

制作一件衣服需要水和其他原料；生产一辆汽车需要很多工序，每一道工序都要消耗资源能源……如果我们在生活中不注意变废为宝，就会造成很大的资源能源浪费。所以，我们要树立变废为宝的意识，这样做不仅经济实惠、有利于提高我们的创造力，还绿色环保，我们何乐而不为呢？

彝族

垃圾是放错位置的黄金

相信大家都听说过"垃圾是放错地方的黄金"这句话，这说明了垃圾需要放置在正确的位置，才能被最大效率地回收利用。如果垃圾放错了位置，不仅得不到很好地回收利用，还会浪费资源、污染环境。

为什么说垃圾是放错了位置的资源

垃圾只有进行正确地分类处理，才可以变废为宝、循环利用。比如：有机垃圾可以用来制造有机复合肥料；废弃塑料可以转化为柴油和汽油；废弃旧电池可以回收提炼出镍、锰、镉、锌等价格高昂的重金属物质……所以，垃圾的正确分类就是要让放错了位置的垃圾回归到正确的位置。根据《生活垃圾分类制度实施方案》，垃圾可以分为三类：

1. 有害垃圾。具体包括废电池、废弃荧光灯、铅蓄电池、废油漆等等。对于这些有害垃圾，应该如何处理呢？主要是要分类和数量的多少来处理。

2. 可回收物。具体包括废纸、废旧纺织物、废塑料等。

3. 易腐垃圾。具体包括宾馆、饭店等产生的厨余垃圾，农贸市场

小贴士：

在家中准备不同的垃圾袋，用于收集不同的垃圾。把废纸、塑料、包装盒等可以回收的垃圾放在一个袋子里，把废旧电池、日光灯等有害垃圾单独放在一个袋子里，把厨余垃圾放在一个袋子里。

产生的腐肉、蔬果垃圾等。这些垃圾应该有专门的人来清理，但注意不要混入废餐具、废饮料瓶子等，这样才能有利于后续的处理。

让生活垃圾分类进入"强制时代"

《生活垃圾分类制度实施方案》提出：2020 年底要基本建立垃圾分类的相关法律法规和相应的标准体系，并且还要形成可以提供复制的、可以推广的生活垃圾分类。在全国 46 个城市切实推广生活垃圾的分类，强制实施。在这些城市中，生活垃圾的回收利用率要在 35% 以上。另外，对生活垃圾的收集、运输等产业链也给出了具体的办法。

生活垃圾的强制分类，其实就是隐含了对生活垃圾分类的责任，明确了每个人都是生活垃圾的生产者，即是生产者，就要对生活垃圾负有一定的责任。关于生活垃圾的分类，最早是鼓励人们在日常生活中进行分类，这让人们产生了不负责任的心理，从而导致生活垃圾的分类、回收变得毫无意义。而现在有了强制性的生活垃圾分类政策，间接地让居民自觉地提高生活垃圾分类处理的意识并自觉学习这方面的知识，不得不说是社会的一种进步。

生活垃圾的分类处理，除了强制性的措施外，要想取得良好的效果，还需要结合其他措施来执行。清华大学环境学院的刘建国教授说，根据国内的现实情况，短时间内可能还是会将强制性手段与激励性措施结合起来，这样两种手段相结合，双管齐下，才能让居民尽快养成垃圾分类的习惯。

垃圾分类需要全民参与

垃圾分类是一个全民问题，需要全国上下共同出力才能收到良好的效果。所以，如何提高全民参与度，就成了摆在生活垃圾分类面前的一个问题。我们知道，做任何事情首先要有意识，然后才能付诸实践，最终变成稳固的习惯。而任何习惯的养成，与社会的整体进步相关，这里涉及人的心理、教育、文化等各个方面的因素。

在日本的公共场所是没有分类垃圾桶的，如果有人产生了垃圾，就需要把自己产生的这些垃圾带回家处理，或者是放入相应的垃圾收集容器，然后在投放。日本垃圾车收集垃圾都是定时的，一旦错过了这个时间，只能等待下一次了。所以，一些家庭就专门用冰箱的最下层来冻结垃圾。日本人的垃圾分类意识比较强，除了有政府部门的支持外，还与市民的垃圾回收意识强有关。

我们要积极借鉴日本的垃圾分类措施，自觉地好这方面的分类工作。在统筹推进垃圾分类工作时，各级政府部门要把主体责任放在心上、扛在肩上、抓在手上。垃圾分类工作人人有责，事关多个方面，既涉及生活垃圾的分类，又涉及垃圾分类之后如何处理的问题。垃圾分类关系到千家万户，可以通过学校教育、动员家庭积极参与等方式，大力传播生态文明理念和思想，让所有人都成为生活垃圾分类的参与者、践行者和推动者。

知识竞答

1. 有人说垃圾是放错了位置的黄金，对这里的"黄金"一词应该如何理解？（　）

A. 这里的"黄金"指垃圾分类对了，回收再循环利用了，就是有价值的废品。

B. 这里的"黄金"指放错位置的垃圾。

2. 垃圾如何处理才能变废为宝？（　）

A. 正确分类，正确回收处理　　　B. 正确使用

C. 正确掩埋

3. 有机垃圾可以（　）。

A. 丢进垃圾桶　　　　　　　　　B. 制作有机肥

4. 废弃旧电池可以回收提炼出（　）等一些价格高昂的重金属等物质。

A. 镍　　　　　B. 锰　　　　　C. 镉　　　　　D. 以上都是

5. 根据《生活垃圾分类制度实施方案》，垃圾可以分为三类（　）。

A. 有害垃圾、易腐垃圾、可回收垃圾

B. 有害垃圾、无害垃圾、不可回收垃圾

C. 无害垃圾、有害垃圾、易腐垃圾

6. 有害垃圾主要包括（　）。

A. 节能灯　　　　　　　　　　　B. 氧化汞电池

C. 废温度计　　　　　　　　　　D. 以上都包括但不限于这些

答案：

1.A　2.A　3.B　4.D　5A　6.D

物尽其用减少生活垃圾

现代人的物质生活相当丰富，各种消费品应有尽有。但是在使用这些消费品时，几乎每一次都会产生一些垃圾。所以，我们在追求一定质量的生活的同时，还要关注到物尽其用，减少生活垃圾。

减少生活垃圾的产生

产生的垃圾越多，对环境的污染就越大。因此，处理废旧物品的最好方法，绝对不是不计后果地扔掉，而是做到物尽其用。在生活中，首先要做到不铺张浪费，减少垃圾的产生，就不会造成资源浪费，也不会污染环境、破坏生态平衡。因此，我们在日常生活中学习一些环保小技巧是非常有必要的。比如：如何减少塑料袋的使用，如何不使用清洁剂，如何对家中的剩菜剩饭进行无害化处理等。这些生活常识都是我们应该懂得的。

很多人非常喜欢吃膨化食品，这些膨化食品几乎都被包装在塑料袋中，所以我们一旦购买了这些膨化食品，就必然会产生一些塑料垃圾。我们平时做饭时，厨房肯定会出现油烟，为了清洁干净，我们会使用一些化学清洁剂，而这些清洁剂也会给环境造成一定的污染。

小贴士：

生活中，我们要树立绿色、低碳的生活理念，做到物尽其用、减少废弃物的产生。比如，通过巧妙的方法，把废旧的圆珠笔、牙刷、剃须刀等改造成有用的新物品。

　　为了减少生活垃圾，我们可以选择一些方法来代替到超市购买膨化食品。比如，我们可以学习膨化食品的制作方法，想吃的时候就自己动手制作，这样既可以吃到新鲜、健康的膨化食品，还减少了塑料垃圾的产生。

　　那么，在做饭过程中产生的油污应该怎么解决呢？相信很多人会选择使用化学清洁剂来清洗。其实，我们也可以不用使用化学清洁剂。比如，我们做饭时，可以随手用清水冲洗、擦净油污。接着，我们可以买一条竹炭纤维毛巾再次擦拭，然后放到水里洗一洗，油污就被洗干净了。这种做法可以减少使用或不使用化学清洁剂，也就不会对环境造成污染了。

做好垃圾分类才能物尽其用

　　我们知道，垃圾分类主要是为了对废弃物分流、分类处理，利用现有的垃圾回收技术，回收和利用垃圾，具体包括物质和能量的利用，对于那些无法利用的垃圾可以填埋。

　　关于垃圾分类，要因地制宜，各地区、各小区的环境不同、经济发展水平不同，居民的来源、生活习惯、经济能力与素质等也各不相同。因此，重点是要给不同地区的人们灌输相应水平的垃圾分类回收和环保知识，使他们逐渐形成减量、循环、自觉、自治的环保意识，减少生活垃圾的产生，懂得如何让生活垃圾变废为宝，物尽其用。

　　我们知道，现实生活中有一部分生活垃圾是不能降解的，对于这些不能降解的垃圾，如果我们把它们埋到地下，土壤将会受到严重污染。如果我们把这些垃圾进行分类，挑出那些可以回收的、不易降解的垃圾，那么，减少垃圾的数量就可以达到 60% 以上了。

　　经统计，中国每年使用的塑料快餐盒约为 40 亿个、一次性筷子数十亿双、方便面碗 5 亿—7 亿个，这些就占了生活垃圾的 8%—15%。回收

1500 吨的生活废纸，可免于砍伐用于生产 1200 吨纸的树木。1 吨废塑料分类回收并提炼后，可以获得 600 千克柴油。厨余垃圾等食品类废物，经过了生物技术的处理可以用来堆肥，每吨可产生 0.6-0.7 吨的有机肥料。建筑垃圾中的渣土、陶瓷等难以回收，可以采取卫生填埋的方式来处理，这样可以有效减少对大气的污染。

物尽其用才是真的会享受生活

生活当中，有很多细节需要我们用心去琢磨出新的意境，让生活变得如诗如画般美好。比如，对一些物品进行改造，让它们变成另外一种东西，既给了它们再次利用的价值，又是一种生活享受。

相信很多人在整理房间时，都会发现闲置了很多年的旧衣物，这些旧衣物常年不穿，放在衣柜里占据了很大一块地方，但是扔了又觉得挺可惜的，想捐给有需要的人也不太合适。很多人就会绞尽脑汁，最终把这些衣物改造成了新"作品"。比如，有人把大人的上衣或外套改造成小孩的连衣裙，再给这些连衣裙配上可爱的花边，绣上的蝴蝶结。其实，通过发挥想象力，旧衣物还可以改造成其他各式各样的衣服，一点也不比买回来得差。

旧衣服可以改造成新作品，其他的旧物也可以改造。我们是不是常常是一张纸用了一次就扔掉了？其实，我们可以把干净的纸张先用来包一些干净的东西，再用来写字画画，再用来擦桌子、擦地，最后引火生炉子，废纸积攒得多了，还可以卖给垃圾站，制造出新纸。

小贴士：

纸箱是家庭中很常见的生活废弃物，巧妙地利用好，它就能成为收纳好助手。可以把收纳盒制成抽纸盒，简单又环保，还可以用来放小饰品。

　　以前的人家里都喜欢挂一些挂历，这些挂历精美，内容经典或者都很有艺术美，日期到了很多人都把这些挂历摘下来直接扔掉了，这样的处置方式是很浪费的。我们完全可以把旧挂历留着等到新学期时当包书皮用，包上挂历的书本不仅漂亮，还可以得到很好的保护。

　　如果你此前没有想到废物还可以有这么多的用处，那么现在就开始学习废物再造的小妙招吧。物尽其用是一种生活哲学，更是一种生活情调，也是一种生活美德。平淡的日子千篇一律，有趣的生活万里挑一，学会在生活中制造各种惊喜，才能让生活变得有滋有味。

知识竞答

1. 物尽其用是一种（ ）的行为。

A. 节约资源　　　　　　　　B. 浪费

C. 没有做到环保　　　　　　D. 垃圾分类

2 以下哪些措施可以避免生活垃圾的产生？（ ）

A. 以下都是　　　B. 避免购买更多的物品，在能力范围内自己制作

C. 购买没有包装的安全物品　　D. 购买使用环保包装的物品

3. 做饭中产生的油污，如何处理更省事、环保？（ ）

A. 每次做饭后都要及时用竹炭纤维布擦净

B. 油污重的地方用淘米水洗净

C. 两种方法都挺好

4. 减少生活垃圾应该成为一种（ ）。

A. 生活理念　　B. 行为习惯　　C. 责任　　　D. 三个答案都对

5. 我们对垃圾进行分类后，去掉那些可以回收的、不易降解的垃圾，减少垃圾的数量将达（ ）以上。

A.30%　　　　　B.60%　　　　　C.50%　　　　　D.70%

6. 生活垃圾中（ ）数量最多。

A. 塑料餐盒、一次性筷子　　　B. 电子产品　　C. 厨余垃圾

答案：

1.A　2.A　3.C　4.D　5.B　6.C

课本也能循环使用

中国人口众多，是世界第一教育大国。据统计，我国每年需印制30亿册教科书，用纸55万吨，这意味着需要砍伐掉碗口粗的大树1100多万棵。可见，教科书循环使用的可能性和必要性已经迫在眉睫。现在，我国农村义务教育阶段全部免费供应教材，教科书循环利用可以为政府财政省下一大笔开支。

教材循环使用的意义

目前，我国在校学生大约有2.2亿人，一年使用的教材数量在20亿册以上。以上海市为例，每年使用的教科书要消耗大约4000吨纸。如果按照每人每学期教材平均重1.5千克来计算，这些教材能回收循环使用5年以上，就可以节约造纸所需的森林面积2000平方千米、煤633万吨、自来水5亿吨。这一数目是惊人的，如果我们做到教材循环使用，所产生的经济效益是不言自明的。

教材的循环使用，意义是多方面的。一方面，能保护环境，节约资源；另一方面，能把省下来的教育资金用在其他有需要的项目上。同时，还可以培养学生的节俭意识，对学生养成良好的品德和社会责任感都有重大意义。

我国新的《义务教育法》第四十一条有明确规定：国家鼓励教科书循环使用。这条规定对我们今后实行教材循环使用探索提供了依据。但是，规定离实际行动还有一条较长的路要走。重点是除了需要国家健全相关办法、制定切实可行的方案，在制度上给予保障之外，还需要社会、学校、家庭和学生的多方配合，在行动上给予大力支持，才能破解教材在循环使用过程中出现的各种困难，真正让教材告别"一次性消费"。

旧教材回收利用的情况

全国教材循环使用 1 年，可以节省 200 多亿元人民币，这些钱可以用来修建 4 万所希望小学。2018 年中小学教材及教学用书的全国零售数量为 29.30 亿册，总计 259.89 亿元。

这些数据说明我国在教材方面投入的资金庞大，且一次性消费现象突出。虽然有的地区的教材已经实现了循环利用了，但是教材的循环利用的数量还是不可观。这样的现象比较突出的是在高中和高校里。因为这些学生都是自费购买教材，他们用完的教材再出售的并不多。但还是有一部分教材被卖向二手市场，这样教材的二手市场就产生了，这就催生了线上二手书市场，让二手教材"流动"了起来。线上二手书交易，和线下教材当废纸卖形成了鲜明的对比。据孔夫子旧书网负责人介绍，该网站的二手教材近三年来交易额超过 30%。他还介绍，要让二手教材得到充分的利用，这样，可以减少普通人群的经济压力。

在很多发达国家，大学教材的重复利用已经得到大力的推广和普及，并且被许多人认可。在美国，有政府人员负责高校学生和研究生在校学习期间的教材问题，与有教材回收需求的学生建立长期的档案联系。在英国，教材的循环利用实行自愿自觉的原则。在澳大利亚，教材被视为公有财产，因此学生从小就养成了爱护教材的习惯，等到学期结束后，学生就要把教材交回给学校。

教科书循环利用，学校要添消毒设施

对教材的循环利用，需要学校制定相关的工作规范和实施细则，教科书在循环使用中的统计、回收、登记、消毒、保管、发放、更新等方面都要有详细规定。学校还要配备一定的图书存储、消毒设施和设备，设置固定的贮存、保管场所，为实施教科书循环使用工作提供有利的硬件设施。

教科书的循环使用可以为国家、学校和家庭节约资源、减少浪费，还有利于学生早日养成良好的笔记习惯。

每年，随着学校毕业季节的到来，高校校园里的马路上到处都是二手书买卖的吆喝声，市场虽小，但"五脏俱全"，不少校外人士也来这里购买他们需要的书籍。这些书都是可以循环利用的，但高校如果对这些书进行回收，一定能让他们得到更好的流通。教科书的回收不仅是学生个人的事情，也是节约资源、保护环境的大事，学校更应该重视。

小贴士：

关于教材的循环使用，个人可以把使用过的教材自行卖给二手书商，或者发布到网上的二手交易市场进行售卖，这样可以给自己增加一些经济收入。

知识竞答

1. 我国每年印制 30 亿册教科书需要的纸张数量达 55 万吨，要达到这个数量，就要砍伐掉碗口粗的大树（　　）多万棵。

A.1100　　　　　B.100　　　　　C.500　　　　　D.6000

2 教科书的循环利用体现了（　　）。

A. 绿色消费的理念　　　　　B. 不卫生的理念

C. 限制学生随时复习功课的理念

D. 国家提倡限制经济发展的理念

3. 教科书回收再利用的概率（　　）。

A. 很高　　　　　B. 很低　　　　　C. 不高不低　　　D. 不高

4. 教材的循环使用，意义是多方面的，比如（　　）。

A. 能保护环境，节约资源

B. 把省下的教育资金用在其他有需要的项目上

C. 两项都是

5. 根据有关信息，我们知道每本教科书的循环使用一般在（　　）年左右。

A.3　　　　　B.5　　　　　C.2　　　　　D.1

6. 全国教材循环使用 1 年，可以节省（　　）多亿元人民币。

A.200　　　　　B.20　　　　　C.30　　　　　D.50

7. 为了让教科书顺利地被循环使用，学生们应该（　　）。

A. 把笔记都记在笔记本上　　　　B. 不要在书上乱画

C. 不要把书弄破了　　　　　　　D. 以上都对

答案：

1.A　2.A　3.D　4.C　5.B　6.A　7D

快递包装的绿色循环

现代商品经济高度发达，相应地出现了众多网购平台，加大了网购在人们日常购物中的比重。既然有了网购，网购的包装就成了一个产业链条，催生了很多与此相关的生产部门。所以，要求绿色环保的包装已经成了现代包装行业的风向标。

快递包装的绿色变革

一方面是快递业务量急速增长，另一方面却是资源浪费和处理难题，这就是经济增长与资源的制约性问题的矛盾。我国交通运输部门发布的《邮件快件包装管理办法》明确要求，快递企业应按照环保、节约的原则，根据邮寄物品的性质、重量、大小等进行合理包装，禁止过度包装。

据了解，包装垃圾主要是塑料和纸张。以快递包装为例，常用的包装材料有透明胶带、塑料袋等，这些包装的主要原料都是聚氯乙烯，废弃之后埋在土里上百年都不会降解，对环境的危害极大。经过有关部门的调查，我国每年在快递包装方面产生的废纸超过900万吨，废塑料约180万吨，且这一数据呈逐年快速增长的趋势。

小贴士：

网购的商品大多数包装得很好，如果一些包装纸箱的品相相对较好，那么完全可以多次利用。所以，用完包装物要尽可能地再次循环利用，避免"一锤子"买卖，这样做不仅能减少对环境的污染，还能节约社会资源。

由国家发展改革委等八部门联合发布的《关于加快推进快递包装绿色转型的意见》中提出，2020 年，在快递包装领域的法律法规将会得到进一步的健全；2025 年，快递包装领域将全面建立和绿色理念相适应的法律和标准政策体系。

减少使用不可降解的塑料

为了细化快递包装在生产、使用等各个环节的管理，我国制定了《邮件快件包装管理办法》，提高了快递包装治理方面的监管手段，以及相应的措施。

要想实现快递包装的绿色循环利用，最重要的是要从快递包装材料的源头入手，同时还要推动大城市起带头作用，杜绝使用不可降解的塑料包装袋和一次性的塑料制品。倡导全国快递业务都要通过减少不必要的快递填充物。例如，快递使用的纸箱、多层套封等，这些都是很浪费的做法。

目前，部分地区已经在快递包装的材料方面做到了杜绝过度包装。例如，甘肃省兰州市用可多次循环利用的复合材料编织袋取代原来的一次性塑料编织袋，实行十字形、一字形、井字形等多种打包方式，避免了二次包装。

快递包装的绿色循环

现代新技术的出现，加快了我国快递包装的绿色循环进程。快递包装的绿色循环从源头低碳化做起，进而在各个包装产业链做到正规化、标准化，是未来包装环保循环利用的关键。快递包装生产者作为整个产业的源头，有责任和义务投入更多的经费，加大对快递绿色包装产品的研发、设计和生产。

快递企业网点门店数量众多、快递员队伍庞大，又是电商企业的组成部分，做好快递包装物的回收循环利用，快递企业是大有可为的。鉴于快递企业拥有的优势，建议快递企业负起回收快递包装物等相关责任。快递企业可以在派件时定制短信内容，告知客户哪些包装物可回收利用、哪些地点设置了包装物回收站，并采取一定的激励措施，促进买家配合做好快递包装物回收工作。

据悉，一只可降解包装袋的售价是不可降解包装袋售价的4—5倍，正是出于成本考虑，许多商家会选择使用不可降解材料作为包装物，以降低经营成本。对此，有关政府部门要积极发挥主导作用，通过减税、免税等措施推动快递行业向绿色化、循环化发展。

目前，快递行业的竞争越来越激烈，有关部门有必要对快递包装用品生产企业的产品进行抽查，禁止不达标的产品禁止流入市场，对已经流入市场的不合格产品要及时撤回，拒不撤回的就要对其进行严厉处罚。

小贴士：

快递公司应该使用绿色环保塑料外包装。快递的外包装是绿色环保的，可以留下来，反复循环使用，脏了还可以洗净，重复使用。

知识竞答

1. 网购商品的包装应该是（　　）。

　A. 大包装　　　　B. 简单包装　　C. 绿色环保包装　　　D. 都正确

2. 常用的快递包装材料有（　　）等，这些材料的主要原料是聚氯乙烯。

　A. 塑料绳子　　　B. 塑料袋　　　C. 透明胶带　　　　　D. 都是

3. 我国快递行业每年在包装上产生的废纸超过（　　）万吨。

　A.500　　　　　　B.600　　　　　C.900　　　　　　　　D.1000

4. 为了实现包装货物流通合理化而制定的包装尺寸系列称为（　　）。

　A. 包装模数尺寸　B. 包装标准　　C. 标准尺寸　　D. 包装基础标准

5. 快递包装要做到绿色循环使用，这有利于（　　）。

　A. 大气污染的减少　　　　　　B. 减轻商家的运营成本

　C. 减轻消费者的经济负担　　　D. 以上好处都包括

6. 阻碍快递绿色包装的三大瓶颈是（　　）。

　A. 快递包装标准滞后　　　　　B. 回收循环难度大

　C. 环保意识不足　　　　　　　D. 三项都是

7. "快递绿色包装就是要包装得精致好看"，这句话是（　　）。

　A. 错的　　　　　　　　　　　B. 对的

答案：

1.D　2.D　3.C　4.A　5D　6D　7.A

算好买卖二手物品的经济账

生活中，很多东西常常是用不了多久就搁置了，但它们本身又挺新的。为了给这些旧物品提高身价，我们可以对其进行清洗，维修、加固等，然后发布到二手市场。相反，我们也可以经常光顾二手市场，这样购买物品更加经济、环保。

二手家具，绿色又环保

中国人结婚、生小孩等都需要购买家具，而人们往往倾向于购买新家具，很少有买旧家具的。其实，新家具含有一定的甲醛等有害物质，对人体健康是有危害的。比如，可能导致眼部疾病、呼吸道疾病、新生儿畸形、精神抑郁症等。所以，为了减少患病的风险，我们可以选择购买二手家具。二手家具便宜又环保，卖家、买家和整个社会都是受益者。

二手家具的"绿色环保"主要指两个方面：第一，二手家具是采用环保材料或其他无毒无害的材料制作的；第二，二手家具不会像新家具那样会发有害物质，使用时不会对身体造成危害；第三，使用二手家具可以减少生产新家具的能源资源消耗。

选购二手家具，主要采取"望闻问切"的方法。

小贴士：

常用的二手物品交易平台有：闲鱼、闲转、赶集网、58同城、京东拍拍等。大家可以根据旧物的类别，选择合适的平台，实现旧物回收再利用。

"望"指寻找绿色标志，凡是二手家具上贴有"绿色产品"的，都是健康环保的；"闻"是用鼻子闻闻二手家具有没有刺激性气味；"问"是了解二手家具生产厂家的合格情况；"切"指用手摸摸二手家具的封边是否严密，因为严密的封边能把一些甲醛密闭在板材里面，不会对空气造成污染。

二手交易市场的情况

你的家里是不是积累了很多不用的物品呢？对于这些闲置在家的物品，你是不是感到很头疼呢？因为它们占用了你的家庭空间，让你可以活动的范围变小了。其实，你完全可以利用一些资源把这些物品卖掉。

二手交易的网络平台有很多，利用好这些平台是非常省事的，这样既不浪费，又能让旧物得到充分利用。我们可以卖掉旧的，再买自己想要的。当然，也可以以物换物。交换、交易二手闲置物品，既方便了我们的生活，又减少了资源的浪费。

二手物品卖掉更经济

二手旧物的买卖除了价格相对便宜这一优势外，还十分符合现代循环经济的发展趋势。对很多人来说，家里有些物品虽然不想再用，如衣服、玩具、手机、自行车等，弃之可惜。把这些旧物卖掉，可以促进经济的发展，不仅便利了人们的生活，也带动了一系列周边产业的发展。

现代智能手机的普及率越来越高，手机电子商务的发展在我们国家也非常发达，以天猫、淘宝、京东为代表的电子商城商品类目繁多，包括新品和二手商品，几乎能满足所有人的生活需求。所以，家里的旧物完全可以通过二手交易平台，以最合适的价格出售。二手交易平台多种多样，有的是综合的，有的是商品类目比较单一的，我们可以根据自己要出售的物品选择相应的平台。

二手旧物有很多类别，如服饰、帽子、家电、家具、装修材料、书籍等，甚至一些网购时留下来的包装袋、填充物等也可以当二手物品卖掉，所有这些不要的旧物，都可以在家里开辟出一个小空间暂时保存，等待积累到一定的数量后，就可以通过相应的网站以最优的价格把它们卖掉了。

国内的二手市场那么大，需要购买二手货的人很多，而需要卖掉旧物的人也很多，不要发愁你的二手物品卖不出去，只要你有心把它们卖掉，就一定能卖掉。你也可以预估一下家中旧物的出售价格，结果可能会让你大吃一惊：原来我的旧物还可以值这么多钱！如果把它们都扔掉了，岂不可惜了？算好了这一笔经济账，你就不会把自己的旧物浪费掉了。

把这些旧物卖掉，既可以给自己增加收入，还可以减少对环境的污染。因为如果把这些旧物丢弃，它们的命运就只能是进入垃圾填埋场或焚烧厂，这种做法是不科学的。每件物品的生产都需要一定的原材料，会消耗一定的能源，我们的每一次购入和丢弃，都是对环境的索取和污染。所以，把旧物卖掉，延长它们的使用寿命，才是最好的选择。

知识竞答

1.很多东西常常是用不了多久就不用了，对于这些物品，我们应该（　　）。

　　A.送人　　　　　　　　　B.卖给专门的回收站

　　C.卖给需要的人　　　　　D.都是对的

2二手家具的优点有（　　）。

　　A.环保　　　　　　　　　B.省钱

　　C.减少污染　　　　　　　D.都有道理

3.私家车规定使用年限由原来的 10 年改为 15 年，使车辆（　　）。

　　A.价值不变　　　B.增值　　　C.贬值　　　D.无任何影响

4.二手房在售卖过程中，最容易受到业主的心理变化影响的因素是（　　）。

　　A.用途　　　B.价格　　　C.新旧程度　　D.权属状体

5.家里不用的物品可以选择（　　）。

　　A.卖给二手商品平台　　　　B.放在家里作纪念

答案：

1D　2.D　3.B　4.B　5.A

选用无包装或大包装产品

现代商品经济十分发达，竞争也很激烈，所以几乎所有的在售商品都被包上了漂亮的外衣，有时，包装的价格甚至高过商品的价格，这样的包装理念实在是不可取。这些华丽的包装对商家、顾客和环境来说都是一种伤害，所以我们应该从个人做起，自觉选择简单包装的商品，放弃精致包装的商品。

可降解材料是商品包装的未来

如今，绿色、低碳、可持续等环保理念越来越受到人们的重视。特别是在食品饮料领域，众多企业都纷纷尝试将环保理念融入自己的产品，于是，一些创新的环保包装开始出现。

这些环保包装的出现就基于对环境的保护方面的考虑。举个例子，海洋动物因误食塑料而死亡的例子不胜枚举，陆地上的动物也不能幸免，所有这些对动物的伤害，都是人类的行为导致的。我们应该为自己的行为深怀歉意，并切实改变自己的行为，不使用或减少使用不能降解的塑料包装。

塑料垃圾不仅对动物有影响，对人类自己的生

小贴士：

购买无包装或者大包装的商品，既可以减少因为包装带来的资源浪费，又可以减少垃圾的产生。每减少使用1千克的过度包装塑料，就可节约1.3千克标准煤，同时减排二氧化碳3.5千克。

命健康也是有危害的。试想一下，我们自己生产的塑料用完丢在土壤里，动物把它们吃进了肚子里，我们再食用这些动物的肉，就相当于我们食用了自己制造的塑料垃圾。

我们产生的塑料垃圾的数量是惊人的，据统计，近70年来，全球一共产生了83亿吨塑料垃圾，而被回收利用的只有9%；预计2050年，全球产生的塑料垃圾将高达340亿吨。在地球上，每年会有几百万只鸟类因误食塑料而死亡，造成近几百亿美元的经济损失。

在食品领域，过度包装带来的垃圾泛滥问题已经逐渐受到人们的关注和重视。一些大型商场和超市签订了《新塑料经济全球承诺书》。世界性的经济论坛报告中也提到，未来的包装领域发展方向是新塑料经济，即生产塑料的行业要用一种全新的思维方式，彻底贯彻循环经济的总原则，塑料包装要做到拒绝污染、循环使用、使用可降解材料。

目前的食品包装大多采用铝箔袋、蒸煮袋、纸包装袋、塑料软包装袋、亚光膜包装袋、吸塑托盘等产品。流通到市面上的食品为了迎合消费者的心理，纷纷穿上了漂亮的外衣。这些光鲜亮丽的塑料包装袋使用的都是耐高温、难降解的材料，对环境来说就是一种污染。所以，我们不得不从源头上改变塑料的品质，让它们变成可降解的物品，安全我们的世界。

购物零塑料，光顾"无包装"超市

某家咨询公司发布了《从全球到中国——2019零售趋势洞察》报告，讲述了世界各国实际上都在大力倡导食品的"零浪费，零包装"的安全环保新概念。有一些超市专门低价售卖品相不太好的水果，原因是超市与当地果农合作，把这些品相欠佳的水果专门挑出来拿到超市售卖。这些水果并没有品质上的问题，它们非常健康、环保，果农们没有对水果使用任何农药，只是简单地种植，所以品相不是特别好，但是这种水果却是最好吃、最环保的。不信，你可以试着买一些来吃。

售卖这类商品的超市往往采取零包装或简易包装，减少了各种多余的人工费用环节，也就直接减少了各种费用。即使超市里使用一些包装袋，也是非常简单且环保的包装袋。这些超市秉持着抵制塑料、实现环境零污染的环保理念，推行可降解包装袋或无包装服务，消费者可以自带布制的购物袋子、租赁可循环利用的容器或环保袋来带走所购买的商品。这些做法对消费者来说，无疑是一种全新的购物体验。

"零浪费，零包装"的探讨

你是否想过：埋在地下的包装袋，也可以变成天然肥料给庄稼提供营养？除了使用简单直接的"无包装"行动来抵制塑料污染，推行"可持续性包装"也是食物包装领域的全新探究方向。2020年，商品包装市场的价值达9970亿美元，而商品包装的可持续性问题将成为被考虑的关键因素。塑料生产企业纷纷寻找新的、环保的可持续性材料来代替不可持续性发展的材料，新型的可降解塑料包装成了未来食品包装的发展方向。

对于成熟的大企业来说，创新环保包装面临着各种现实压力。如何在节约成本的基础上对进行规模化生产，或许还需要很长一段时间来适应。目前，众多的品牌，如可口可乐、麦当劳等，都已承诺不再使用塑料包装，或者使用简单的、100%的可持续包装。从这些大企业的承诺中，我们看到了人们对未来食品包装的期待，这是一个主流方向，但由于制作成本、技术壁垒、消费习惯等多方面的制约而带来的压力，未来的路还需要继续探索。

从食品包装领域的新尝试来看，食品包装总的来说是朝着功能化、无菌化、智能化、方便化、个性化、绿色化等六个方向综合发展的。人们已经不再满足于简单地从外观和实用性上来考虑包装设计，而是更加注重包装的功能性、可持续性等方面。

知识竞答

1. 下面的包装，哪一种最环保节能（　　）。

A. 小包装　　　　B. 大包装　　　　C. 多层包装　　D. 以上都不符合

2. 商品包装的理念应该符合（　　）等环保理念。

A. 绿色　　　　　B. 低碳　　　　　C. 可持续　　　　D. 三项都是

3. 大企业在环保包装上通常采用（　　）。

A. 可持续包装　　B. 绚丽的纸袋包装　　　　　　C. 高级包装

4. 总的来说，人们对未来的包装理念应该是（　　）。

A. 环保的　　　　　　　　　　B. 绿色的

C. 可持续发展的　　　　　　　D. 以上三项都符合

5. 从环保的角度看，商品的包装不仅要注重外在的形式，更重要的是（　　）。

A. 大小　　　　　　　　　　　B. 包装材料的环保性能

C. 包装的厚度　　　　　　　　D. 包装的美观

6. 购买零包装的食物是一种（　　）的做法。

A. 环保　　　　　　　　　　　B. 节能

C. 符合未来包装理念　　　　　D. 三项都符合

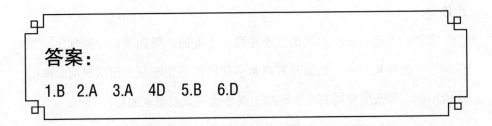

答案：

1.B　2.A　3.A　4D　5.B　6.D

新加坡：建筑使用再生混凝土

提到新加坡，我们会想到"花园城市"的美誉，这和他们重视环保是分不开的。就从建筑上来说，新加坡提倡使用再生混凝土，因为这种材料是环保的再生资源。

让混凝土废料变废为宝

新加坡每年有约 30 个工业厂房、20 栋商业大厦、40 个私人住宅小区、40 个杂项建筑项目需要拆除，会产生 150 多万吨混凝土废料。在从前，拆除建筑物而产生的建筑垃圾都是送往垃圾场填埋，只有很少的一部分被用来铺路。不过，从 2011 年开始，新加坡政府正式允许建筑开发商使用再生混凝土骨料来建造比例不超过 20% 的建筑物结构。从这以后，新加坡许多新的工业和商业建筑物就开始使用这种新的环保建筑材料了。这种建筑材料不仅可以让建筑更环保，而且提高了新加坡建筑材料的自我供给能力。

当然，不超过 20% 的比例也不是固定不变的。新加坡建设局规定：在任何一个建筑项目中，如果开发商希望使用的再生混凝土超出目前 20% 的比例限额，那么所使用的再生混凝土就要达到该局要求的标准。

现在，新加坡的再生混凝土骨料可以直接取代普通的石头，用在建筑物的结构中。而有关专家表示，即使建筑物百分之百使用再生混凝土，也是安全的。

在新加坡，再生混凝土材料变得越来越受欢迎，这其中包括再生混凝土十分环保、垃圾填埋场空间有限、进口建筑用沙越来越贵等因素。此外，还有一个重要的原因，就是新加坡政府的绿色建筑蓝图的有力推动。新加坡政府计划在 2030 年以前，让本国 80% 的建筑成为绿色环保建筑，开发商正是基于这个原因适当使用再生混凝土材料，让自己在政府的扶持下获得更多奖励。

新加坡本地建筑的垃圾能够被循环利用的比例已经达到了 98% 左右。据考证，新加坡的再生混凝土材料无论是在密度还是在强度方面都达到了标准，建筑使用这样的材料可以大大减少制造新混凝土时所产生的二氧化碳。

小贴士：

新加坡的建设总体上比较重视建筑的环保性、美观性和居住的舒适性，国民的绿色环保意识也走在很多国家的前列。

目前，新加坡再生混凝土材料大多用于商业及工业建筑，用于民宅项目的还比较少。新加坡当局表示，再生混凝土在技术已经没有什么问题了，而要使全新加坡人都接受自己的住宅小区是用再生混凝土建造的，还需要一些时间。

再生混凝土的性能如何

再生混凝土，是指把废弃的混凝土通过破碎、清洗和分级来处理后，然后再根据一定的配比来混合而成的再生骨料。根据颗粒大小的不同，再生混凝土可以分为再生粗骨料和再生细骨料。新加坡的不可再生资源有限，所以对再生混凝土进行再利用是非常明智的选择，但是需要经过一定的科学配比才能保证安全。

对再生混凝土性能的研究范围很广，比如，再生混凝土的吸水性、强度、收缩性等等。只有在这些方面都得达到了一定的安全标准，才可以运用到建筑上，而新加坡在这方面显然已经达到了技术标准。据悉，新加坡的再生混凝土的基本性能在以下几个方面表现得比较先进：

1. 抗渗透性。再生混凝土在破碎的时候会产生一定的裂缝，这样就会增加了再生混凝土的空隙率，这样的再生用泥土与普通混凝土比较而言，抗渗性就差了很多，但适当地加入一些引气剂和减水剂后，就可以大大提高再生混凝土的抗渗性能了。

2. 抗拉性。经过破碎的再生混凝土与普通混凝土相比，其抗拉性也降低了很多。百分之百使用再生混凝土来建造房子是不可以的，但是，把这种再生混凝土与其他建筑混凝土进行配合，就能大大改善其抗拉性。

3. 抗压性。再生混凝土的抗压性也比普通混凝土低，但是经过配比后的再生混凝土，其抗压性能得到明显提高。

总之，新加坡的再生混凝土技术在国际上处于先进水平，其在新加坡的使用率也在逐年提高。

知识竞答

1. 新加坡人对住房的主要要求是（　）。

A. 环保为主　　　B. 舒适为主　　C. 美观为主　　D. 高级为主

2. 新加坡人建房子时，比较喜欢的材料是（　）。

A. 再生混凝土　　B. 价格高的混凝土　　　　　C. 进口材料

3. 从 2011 年开始，新加坡政府正式允许建筑开发商使用再生混凝土骨料来建造比例不超过（　）的建筑物结构。

A.10%　　　　　B.20%　　　　　C.30%　　　　　D.40%

4. 再生混凝土是一种（　）。

A. 环保材料　　　B. 废弃不能用的材料　　　　C. 新材料

5. 建筑中，再生混凝土的使用率可以超过 20% 吗？（　）

A. 不可以　　　　　　　　　B. 可以

6. 在新加坡，再生混凝土的使用率超过 20% 要经过（　）的批准。

A. 新加坡建筑局　　　　　　B. 新加坡房屋管理局

7. 新加坡的再生的混凝土骨料可以（　）。

A. 直接取代普通石头　　　　B. 不能取代石头

C. 当成结构材料使用

8. 再生混凝土用在建筑物结构中的安全性如何？（　）

A. 还没有最权威的研究表明其是安全的。

B. 即使建筑物百分之百使用再生混凝土，也是安全的。

答案：

1.A　2.A　3.B　4.A　5.B　6.A　7.A　8.B

英国：塑料回收再利用

在英国，每年都有大量的塑料制品进入垃圾填埋场，导致环境恶化。有关人士呼吁改变这种做法，寻找可以让塑料循环利用的方法，让环境不再因此遭到破坏，政府部门也正在积极探索一套解决方案来减少塑料制品给环境带来的污染。

英国塑料回收率逐年增长

相关数据显示，英国每年可回收的塑料超过 37 万吨，即使有这么大数量的垃圾可以回收，但是仍然有很多塑料最终被运往垃圾焚化场。英国家庭每年使用的塑料瓶有 300 亿个，只是回收了 57%，每天仍然有 70 万个塑料瓶被废弃，造成这些塑料瓶被废弃的原因是瓶外的塑料包装不可回收。

2015 年，英国规定所有的商店都要收取一次性塑料袋的费用。此后，一次性塑料袋的使用就减少了很多。到了 2018 年，英国政府提高了对一次性塑料袋的收费标准。同年，英国出台了《资源与废物战略》，提出英国要全面改变处理塑料废物的方式。

小贴士：

英国的塑料回收业呈每年增长的趋势，人们塑料回收的意识也在不断提高，这一观念已经走在世界前列，英国政府也会朝着这个方向不断地做出努力，争取在塑料回收领域达到更高的目标。

英国环境部门还指出，社会需要摆脱的一次性包装不止在一个行业，而是所有行业。英国公众对废弃塑料问题的重视程度也在不断提高。据统计，46％的英国人对自己使用塑料造成环境污染这个事实感到内疚。英国人正在努力减少购买带塑料包装的产品，这些产品包括洗护用品（27％）、家居用品（32％）、清洁剂（36％）、蔬果化妆品（81％）。接近一半的英国人愿意购买价格高的可降解的商品包装，但依然有33％的人反对。人们还希望政府能够对塑料包装做更多有实际价值的事情，以促进英国的环境保护。

英国保健品塑料瓶的回收

近年，英国回收系统正在不断地发展和壮大，能够满足不同种类的废弃物回收。据统计，英国已经有470多家本地回收组织和1150多万个回收仓库，这些仓库多设置在街边，可以回收额物品种类很多，包括保健品塑料瓶、食品塑料瓶。2007年，英国街边回收点的数量增加到了1350万个，回收的保健品塑料瓶约有90000吨。此后，还有更多的塑料回收点不断投入使用。

除了保健品塑料瓶以外，还有很多其他的塑料包装可以回收，如浴室产品、洗衣房用品等的塑料包装瓶。英国的塑料回收经过了多年的努力，在过去两年里，塑料瓶的回收率提高了两成。

英国保健品塑料瓶的回收率每年都在增加，设置在街边的塑料瓶回收点时刻都可以回收塑料制品，保证了英国环境的清洁，而且回收的塑料制品能够在生产使用中得到充分的循环利用。

英国法律税收鼓励塑料回收加速

英国人口不多，却是塑料制品消费大国。虽然英国塑料制品的回收起步较晚，但是经过这些年的努力，英国在这方面已经取得了不错的成绩。英国把塑料制品分为 50 多个门类、几百个品种，从理论上来讲，所有的塑料制品都是可以回收的。为了加大塑料制品的回收力度，英国政府制定了相关的法律政策和税收制度予以支持。

英国塑料回收业的发展除了有法律的支持，还有税收调节的支持。英国政府在回收业的发展方面，制定了相应的法律来支持，同时政府还通过税收方面的调节来支持。英国政府还制定了"废弃物及资源行动计划"，此项计划是用来培育稳定而高效的塑料产品回收市场的。此项计划实施英国少填埋了 400 多万吨塑料垃圾，回收塑料投资近 6000 万英镑，用以培育稳定高效的塑料产品回收市场，实现废弃塑料的回收，达到节约资源的目的。此项行动计划已使英国少填埋了 400 多万吨塑料垃圾，为塑料资源回收领域吸引投资近 6000 万英镑。此外，英国政府从 2003 年开始，每年拨款 1 亿英镑用以专门支持垃圾回收计划。

知识竞答

1.英国塑料瓶不可回收的现实原因是（　　）。

A.太脏　　B.不符合环保要求　　C.市民不愿意卖　　D.政府不接收

2.（　　）年，英国规定所有商店都要收取一次性塑料袋的费用。

A.2016　　　　B.2017　　　　　C.2018　　　　　D.2015

3.（　　）年，英国政府提高了对一次性塑料袋的收费标准。

A.2015　　　　B.2016　　　　　C.2018　　　　　D.2017

4.2018 年，英国出台了《资源与废物战略》，提出了英国要（　　）。

A.部分改变处理塑料废物的方式

B.在伦敦地区全面改变处理塑料废物的方式

C.全面改变处理塑料废物的方式

5.英国人对自己购买的塑料包装商品的普遍态度是（　　）。

A.没有任何感觉　　　　　　B.感到内疚

C.感到喜欢　　　　　　　　D.感到可恶

6.据统计，英国（　　）的人不赞成自己使用塑料制品。

A.45%　　　B.46%　　　　C.47%　　　　D.48%

7.接近（　　）的英国人愿意购买价格高的可降解的商品包装。

A.60%　　　B.70%　　　　C.一半

答案：

1.B　2.D　3.C　4.C　5.B　6.B　7.C

中国：推行循环经济，建设"无废城市"

循环经济与"无废城市"的建设是相辅相成的，建设循环经济是为了让环境资源得到合理的调配和使用；建设"无废城市"的目标就是要让我们的城市没有废弃物的污染。循环经济与"无废城市"的建设内容在一定程度上是相融合的、统一的，所以在具体的建设中，两者之间应该互相兼顾，相辅相成。

我国出台循环经济政策

我国早在 2004 年就出台了《关于加快发展循环经济的若干意见》，这个意见的出台标志着我国循环经济的发展理念已经形成，并开始正式实施，成为了我国城市发展的有力保障。十多年来，我国城市循环经济在城市试点示范、制度建设等方面都取得重大的成绩，也积累了丰富的经验。这些经验对建设"无废城市"意义重大。建设"无非城市"，需要我国做好以下几个方面的工作：

1. 做好顶层设计。发展循环经济，开展"无废城市"建设，需要国家一步一

小贴士：

我们国家实行有利于循环经济发展的政府采购政策，其中使用财政性资金进行采购的，应当在采购过程中优先选购节能产品、节水产品、节材产品等有利于保护环境的产品。

个脚印地积累相关经验。由于国情不同，我们没有办法直接借鉴国外在这方面的经验，只能少部分借鉴，更多的需要我们自己在实践中总结出适合我国国情的具体办法。《意见》的出台，明确了相关各方面的工作的发展思路，使我们在建设"无废城市"上有了指导保障，后续的实施工作就变得容易多了。同时，我们在具体的工作中，还需要进行不断地调整，做到与时俱进。

2. 完善相关的法律法规制度。循环经济的发展离不开相应的法律法规的支持，《循环经济促进法》提出要建立规划制度和评价制度。在这样的循环经济法的保障和支持下，各部门需要跟着完善相关的法规，这样才能根本上保证循环经济的顺利开展。

3. 稳步推动实施。2018 年以来，我国在多个城市开展了"无废城市"试点工作。这些试点为我国循环经济工作的正式开展提供了有力的保障。

4. 重视各部门的协调工作。建设循环经济和"无废城市"并不是一件简单的事情，它需要国家建立完善的体系来支持，具体地说，要做好年度计划、季度计划等各个环节的统筹安排，处理好各个部门的参与协调工作。

如何做好"无废城市"建设

1. 妥善处理固体废物。固体废物的管理主要在于要处理好安全方面的问题，做好安全工作，这需要国家和政府的大力支持和引导。具体的措施有：新建的关于危险废弃物的设施要严格遵守国家的规定标准执行等。

2. "无废城市"建设要做好科学分类。处理城市固体废物之前，要对这些废物进行分类，在源头处把好关，提升固体废物管理效率，推进"无废城市"的正规化建设。同时要把现先进的科学技术运用到处理废弃物的工作中，实现分类和处理的科学性、前瞻性和智能性。

3. 运用与时俱进的观念建设"无废城市"。在建设"无废城市"的时候，要具有新观念、新意识，把新观念与传统观念进行融合，做到不断地更新落后观念，与时俱进，这样才能跟上时代发展的步伐。

4. 坚定长久的建设方针。建设"无废城市"不是一朝一夕的事情，而要在建设过程中长期地、不断地推进。在这个过程中要重点关注的问题包括：（1）要计算好固体废弃物产生的量是多少，然后摸清固体废弃物的源头在哪里；（2）在产业内循环和跨产业循环方面要相结合，把生产、流通等各个环节结合起来，合理调配资源；（3）生产与生活相结合。

循环经济促进"无废城市"建设

我们之所以要建设"无废城市"，就是为了减少城市废弃物的产出，减少人类给大自然带来的环境污染与破坏。在这样的目标下，建设循环经济就是一个全新的能够解决此问题的关键。那么，循环经济为什么能促进"无废城市"的建设呢？

1. 从两者的发展目标来看，循环经济与"无废城市"的目标高度契合。2020 年，要基本上可以形成"无废城市"的标准体系，以及形成独有的建设示范标准，这些体系和框架要能成为推动我国建设"无废城市"的指导性纲领。国家有明确规定，建设循环经济的目标就是要减少对自然环境的污染，提高资源利用率，最大限度地做到节能减排。

2. 循环经济和"无废城市"可以相互促进。《"无废城市"建设试点工作方案》提出，百姓要不断地提高绿色生活的观念，形成循环经济的、绿色的生活方式，在生活中自觉做到零排放，或者至少要减少碳的排放量，同时每个人都要从源头减少固废的排出，合理、循环地利用各种自然资源。而"无废城市"本身就是保护环境、绿色生活的思想理念的结果，也需要人们共同协作、长期努力才能够完成。

3. 建设循环经济与"无废城市"的内容是可以共享的。《"无废城市"建设试点工作方案》提出的任务是：政府要积极发挥自身的主导作用，不断实现农业和工业的绿色生产，农业废弃物要能够得到充分处理；人们要做到绿色出行；加大政府的风险管控能力。

知识竞答

1. 循环经济和"无废城市"二者的关系是（ ）。

A. 一先一后　　　B. 有主次之分　　C. 相辅相成　　D. 互相矛盾

2. 我国于（ ）年出台了《关于加快发展循环经济的若干意见》。

A. 2005　　　　　B. 2006　　　　　C. 2004　　　　　D. 2008

3. 《关于加快发展循环经济的若干意见》的出台标志着（ ）。

A. 我国有了循环经济这个名称

B. 我国循环经济已经发展到了很高的水平

C. 我国农业循环经济有了更大的进步

D. 循环经济发展理念在我国开始正式实施

4. 《关于加快发展循环经济的若干意见》出台以来，我国在循环经济上积累了相当多的经验，对建设（ ）起着主导作用。

A. "无废城市"　　　　　B. 绿色城市　　　　　C. 循环经济

5. 循环经济是三赢的经济，主要表现在（ ）。

A. 有利于人类健康　　　　　B. 有利于经济发展

C. 有利于保护环境资源　　　　　D. 前三项都对

答案：

1.C　2.C　3.D　4.A　5.D